模具 CAD/CAM 技术应用

第 2 版

主　编　郭　晟　刘　勇　陈　琪

副主编　郭　超　赖　啸　黄　鹏

参　编　王　用　杨　飞　刘伦峰

机械工业出版社

本书旨在帮助学生和技术人员掌握 CAD/CAM 的核心技能。本书紧密衔接制造业前沿技术，以产品数字化设计与制造过程为主线，以学习任务为手段，融合理论与实操，融入创新创业教育，提供了一个从基础到高级的学习路径。

本书基于 UG NX 软件进行编写，主要内容有模具数字化设计与制造基础、草绘与钣金件建模、塑件建模、标准件 CAD、模板 CAD、型芯与型腔 CAD、装配 CAD、工程图、CAM 基本认知与二维平面铣、模板加工、实体轮廓铣、型腔零件 CAM，以及型芯零件 CAM 等模块和训练。本书配套有三维数据模型、微视频、教学课件等资源，其中三维数据模型扫描前言二维码下载获取，微视频扫描书中相应二维码观看，教学课件联系QQ296447532 获取。

本书可作为高职院校装备制造类相关专业的教材，也可作为相关技术人员与操作人员的培训及自学用书。

图书在版编目（CIP）数据

模具 CAD/CAM 技术应用／郭晟，刘勇，陈琪主编．
2 版 . -- 北京：机械工业出版社，2025. 4. -- ISBN
978-7-111-78073-1

Ⅰ. TG76-39

中国国家版本馆 CIP 数据核字第 20256YR799 号

机械工业出版社（北京市百万庄大街 22 号　邮政编码 100037）
策划编辑：周国萍　　　　　　责任编辑：周国萍　刘本明
责任校对：郑　婕　陈　越　　封面设计：马精明
责任印制：单爱军
北京华宇信诺印刷有限公司印刷
2025 年 5 月第 2 版第 1 次印刷
184mm×260mm · 15.5 印张 · 381 千字
标准书号：ISBN 978-7-111-78073-1
定价：69.00 元

电话服务　　　　　　　　　　网络服务
客服电话：010-88361066　　机　工　官　网：www.cmpbook.com
　　　　　010-88379833　　机　工　官　博：weibo.com/cmp1952
　　　　　010-68326294　　金　书　网：www.golden-book.com
封底无防伪标均为盗版　　机工教育服务网：www.cmpedu.com

前　言

本书紧密围绕专业培养目标和课程教学目标，采用"学习任务"的形式编写，内容基于宜宾某模具公司的成套模具产品，按照工作过程进行解构和项目化设计。书中内容涵盖了模具的开发周期，并将其转化为以下 13 个学习任务：模具数字化设计与制造基础、草绘与钣金件建模、塑件建模、标准件 CAD、模板 CAD、型芯与型腔 CAD、装配 CAD、工程图、CAM 基本认知与二维平面铣、模板加工、实体轮廓铣、型腔零件 CAM，以及型芯零件CAM。各学习任务递进展开，每个任务均以完整的工作过程为基础实施教学，并配有相应的在线训练、测试和学习评价单，以及相应的数据模型。

本书由校企合作开发，以宜宾某模具公司的典型生产案例（某外壳塑件注射模）为载体，体现了"双元"特色。本书采用任务导向的编排方式，将典型工作任务转化为学习任务，强调"能力为本位，职业实践为主线，学习任务为主体"，注重知识结构的系统性、任务项目的完整性、技能结构的层次性，以及与专业的紧密结合。教材紧跟先进制造业的前沿技术，衔接产业升级和技术变革趋势，以产品的三维数字化设计与制造过程为主线，在学习任务中融入创新创业教育。本书全面落实课程思政要求，将立德树人的育人理念有机融入学习任务中，激发学生的责任感与使命感；在产品造型时培养学生的美学理念；在数字化建模中引入轻量化设计理念，树立环保、节能观念；在标准件建模中引入国家标准和企业标准，培养学生的法制观念和规范意识；在程序编制中严格执行相关标准、程序和规范，培养学生的规范意识；在工艺制作中要求学生全心投入，培育精益求精的大国工匠精神；在教学考评中展示学生的数字化建模与制造成果，培养学生的竞争意识和荣誉感、自豪感。

本书配套有三维数据模型、微视频、教学课件等资源，其中三维数据模型扫描前言二维码下载获取，微视频扫描书中相应二维码观看，教学课件联系 QQ296447532 获取。

本书编写团队包括郭晟（学习任务 1、2、4、12、13）、刘勇（学习任务 3、5、9）、陈琪（学习任务 7）、黄鹏（学习任务 11）、郭超（学习任务 6）、赖啸（学习任务 10），以及王用、杨飞和刘伦峰（学习任务 8），由郭晟完成统稿。本书由张德红教授审核定稿，在此深表感谢。

本书主要面向高职院校装备制造类相关专业，也适用于相关本、专科院校的模具设计与制造课程，对于其他机械类专业的 CAD/CAM 教学也有较好的参考价值。此外，本书还可供工程技术人员参考及 UG NX 技术爱好者自学使用。

由于作者水平有限，书中难免存在疏漏和不足之处，恳请广大读者批评指正。

扫码下载源文件

宜宾职业技术学院智能制造学院

郭　晟

2025 年 5 月

目　录

学习任务 1

模具数字化设计与制造基础

1.1 导学：学习任务布置与项目分析

一、任务描述

1. 任务书

客户：宜宾某模具公司。

产品：某电子产品盖壳注射模（图 1-1）。

背景：宜宾某模具公司针对市场需要与客户要求，需根据某电子产品盖壳设计并制造出一套注射模具。

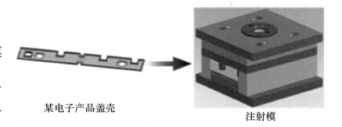

某电子产品盖壳 注射模

图 1-1 某电子产品盖壳及其注射模

技术要求：塑件产品曲面光顺，整体精度为 0.05mm。

基于工作过程，将产品生产过程解构，按产品的开发周期形成工作项目并转化为模具数字化设计与制造基础、草绘与钣金件建模、塑件建模、标准件 CAD、模板 CAD、型芯与型腔 CAD、装配 CAD、工程图、CAM 基本认知与二维平面铣、模板加工、实体轮廓铣、型腔零件 CAM、型芯零件 CAM 等 13 个学习任务。本章介绍第 1 个学习任务。

2. 任务内容

在通盘了解模具 CAD/CAM 基本知识和 UG NX 软件系统的基础上，通过在不同层创建长方体、圆柱体等基本实体，并进行相应的不同颜色显示、编辑、查询分析与修改，来理解 UG NX 的各主要功能模块，掌握 UG NX 的基本操作方法，初步学会运用 UG NX 工具进行建模设计。

3. 学习目标

1）知道模具 CAD/CAM 的发展与应用动向，了解绘图辅助工具；了解 UG NX 的系统要求；熟悉软件系统的基本界面；把握 UG NX 理念与工作过程，熟悉 UG NX 基本操作流程。

2）学会 UG NX 文件的创建、打开、保存与退出，了解 UG NX 基本工作流程，学会基本实体的创建及不同显示方法，学会调用系统工具进行操作；掌握形体的不同显示与观察方法，学会在不同的层进行设计并更改实体的显示颜色。

3）掌握 UG NX 的基本操作流程；了解常用菜单；能熟练调用各功能指令；掌握基本操

作；掌握 UG NX 零件文件的建立、打开与保存方法；能建立长方体、圆柱体等基本实体，并能以不同的方法进行显示；能查询实体信息。

4）在完成学习任务的过程中培养学生的自主学习能力、创新能力；聚焦当代数字化浪潮，促使学生树立勇立潮头的时代精神；结合数字化建模与制造在制造业中的应用，提升学生逐浪弄潮的勇者之心；对比中外数字化建模与制造软件，激发学习者不甘落后、奋勇向上的斗志。

二、问题引导与分析

1. 工作准备

1）阅读学习任务书，完成分组及组员间分工。

2）阅读本次学习任务内容。

3）了解数字化建模与制造基本知识；了解 CAD/CAM 的发展及其在制造业中的应用；了解模具 CAD/CAM 基础知识；了解常见代表性软件及建模技术；了解 UG NX 系统；了解基于 UG NX 设计的基本流程；了解 UG NX 零件文件的建立、打开与保存方法。

2. 获取资讯

引导问题 1：制造业从业者如何面对数字化浪潮？如何认识数字化建模与制造技术？填写表 1-1。

表 1-1   数字化建模与制造的基本认知

数字化技术	技术特征	中心环节
数字化建模		
数字化制造		

引导问题 2：数字化建模技术的发展历程与趋势如何？主要内容与关键技术有哪些？

_____

_____

_____

引导问题 3：UG NX 有哪些功能特点？UG NX 界面有何特点？如何进行指令的调用？其产品设计思路是怎么样的？绘出其产品设计操作思路流程图。

_____

_____

_____

引导问题 4：如何实现 UG NX 文件的创建与保存？以一个简单的案例操作截图说明

操作方法。

_____

_____

_____

3. 工作计划

按收集的资讯和决策过程，根据 UG NX 数字化建模操作步骤、注意事项，依据本次学习任务的内容和学习目标，完成表 1-2 的内容。

表 1-2　"模具数字化设计与制造基础"学习任务工作方案

步骤	工作内容	负责人
1		
2		
3		

1.2　计算机辅助模具设计与制造技术基本认知

（1）定义　计算机辅助模具设计与制造简称模具 CAD/CAM。目前，它已被公认为是现代模具技术重要的基础之一，是模具生产中的重大技术革命，是模具生产走向全盘自动化的根本措施。

（2）作用和主要特点　模具属单件生产，设计和制造往往一一对应，模具设计员的工作特别繁重。模具设计工作量大、周期长、任务急。引入模具 CAD 技术后，模具设计员可借助计算机完成传统手工设计中各个环节的设计工作，并自动绘制模具装配图和零件图。模具 CAM 最初应用于模具型腔等复杂形状自动加工的计算机辅助编程，后又逐步扩展为工艺准备和生产准备过程中的许多功能。

最初的模具 CAD 和 CAM 技术尽管使用计算机代替了大量繁重的手工劳动，取得很大成绩，但是整个模具生产过程却没有什么本质的变化。整个模具生产过程与传统模具生产类似，设计与制造环节有着严格的界线，两个环节间传递信息的最重要手段是图样。模具 CAD/CAM 技术是在模具 CAD 和模具 CAM 分别发展的基础上出现的，它是计算机技术综合应用的一个新的飞跃。

模具 CAD/CAM 技术的主要特点是设计与制造过程的紧密联系——设计制造一体化，其实质是设计和制造的综合计算机化。在模具 CAD/CAM 系统中，产品几何模型是关于产品的最基本核心数据，并作为整个设计、计算、分析中最原始的依据。通过模具 CAD/CAM 系统的计算、分析和设计而得到的大量信息，可运用数据库和网络技术将其存储和直接传送到生产制造的各个环节，从而实现设计制造一体化。

采用了 CAD/CAM 技术以后，图样的作用大大减弱，大部分设计和制造信息由系统直接传送，图样不再是设计与制造环节之间的纽带，也不再是制造、生产过程中的唯一依据，图样将被简化，甚至最终消失。

模具 CAD/CAM 所包含内容可大可小，没有统一定义。狭义地说，它可以是计算机辅助某种类型模具的设计、计算、分析和绘图，以及数控加工自动编程等的有机集成。

1.3　UG NX 软件简介、常用功能按钮与操作

一、UG NX 软件介绍

UG NX 是一种交互式的计算机辅助设计（CAD）和计算机辅助制造（CAM）系统。CAD 功能使当今制造企业的工程、设计及制图能力得以自动化。CAM 功能为现代机床刀具提供了 NC 编程能力，以便使用 UG NX 设计模型来描述所完成的部件。

UG NX 功能
介绍

1. UG NX 工作流程

UG NX 工作流程如图 1-2 所示。

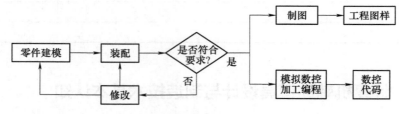

图 1-2　UG NX 工作流程

2. UG NX 主要功能模块

1）CAD 设计模块：实体建模、特征建模、自由形状建模、装配建模、工业设计、制图等。

2）CAM 加工模块：平面铣、固定轴铣、型芯型腔铣、清根、变轴铣、顺序铣、后处理、车削、电火花加工等。

3）CAE 分析模块：结构分析、注塑流动分析、有限元分析（线性结构静力分析、线性结构动力分析、模态分析）等。

二、UG NX 鼠标功能应用

1）左键：①用于选择屏幕上的对象；②用于选择菜单项；③用于双击，该操作相当于选中某功能并按回车键。

2）中键：回车（可以没有这个键）。

3）右键：弹出一个快捷菜单。

4）Tab 键：在对话框的不同域内切换。

5）热键：各种功能键，如 F5 用于刷新、F7 用于旋转等。

三、对话框中常用的功能按钮

1）【确定】（OK）：执行功能并关闭对话框。

2）【应用】（Apply）：执行功能但不关闭对话框，适用于多次使用对话框命令的情况。

3）【取消】（Cancel）：关闭对话框。

4）【返回】（Back）：回到上一级菜单。

四、UG NX 工具条

UG NX 工具条如图 1-3 所示。

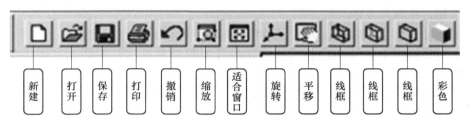

图 1-3　UG NX 工具条

五、UG NX 视图操作

UG NX 视图操作如图 1-4 所示。

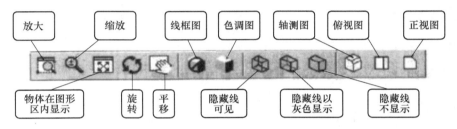

图 1-4　UG NX 视图操作

1）放大：对视图进行放大，按住鼠标左键以两个对角线端点确定一个矩形放大区域，则区域内的图形被放大。

2）缩放：按住鼠标左键在屏幕上移动即可。

3）物体在图形区内显示：可见物体全部显示在图形区，显示百分比可在预设置中设定。

4）旋转：按住鼠标左键在屏幕上转动对象即可。

1.4　案例：UG NX 简单实体的创建

UG NX 创建三维实体模型可以通过直接建模实现，也可以先绘制轮廓草图，再通过特征操作等方法来得到三维实体数据模型。

一、案例任务 1：长方体建模设计

1. 要求

运用"设计特征"中的"块"功能在系统默认的第一层构造棕色长方体。

2. 步骤

1）打开 UG NX，选择菜单命令【文件】/【新建】（或单击 图标），建立文件名为 Exp1、单位为 mm 的模型文件，选择好放置路径，单击【确定】按钮。

5

2）设置背景：按 Ctrl+M 组合键进入建模环境，单击【首选项】/【背景】，勾选【纯色】，将【普通颜色】设置为白色，单击【确定】按钮。

3）选择【设计特征】/【长方体】 ，弹出【块】对话框，输入图 1-5 所示参数，单击【确定】按钮，生成长方体。

4）单击【编辑】/【对象显示】，弹出【类选择】对话框，在绘图区选中长方体，在【类选择】对话框中单击【确定】按钮，弹出【编辑对象显示】对话框（图 1-6a），单击【颜色】栏后的矩形方框，弹出【颜色】对话框（图 1-6b），在其【收藏夹】栏下选择具体颜色种类，单击【确定】按钮，回到【编辑对象显示】对话框，单击【确定】按钮，完成长方体的显示颜色设置。

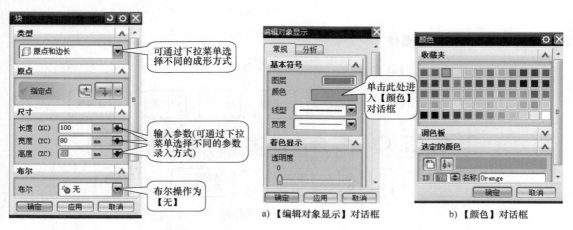

图 1-5　UG NX 块体操作　　　图 1-6　【编辑对象显示】和【颜色】对话框

5）保存好 UG NX 文件并退出。

二、案例任务 2：在不同层上构造圆柱体

1. 要求

与任务 1 在同一个文件中，但在第 10 层上构造一个圆柱体，并只显示圆柱体，分析和查询这两个实体（长方体与圆柱体）的基本信息。

2. 步骤

1）打开上述 Exp1 的 UG NX 文件。

2）单击【格式】/【图层设置】，弹出【图层设置】对话框，在【显示】栏后下拉菜单中选择【所有图层】，将在层列表中列出所有的层名，点选 10，右击，在弹出的菜单中选择【工作】命令，使第 10 层为工作层（图 1-7），同时取消勾选层"1"，单击【关闭】按钮，则长方体不可见。

3）单击【设计特征】/【圆柱体】 ，弹出【圆柱】对话框，输入参数（图 1-8），单击【确定】按钮。

4）单击【编辑】/【对象显示】，弹出【类选择】对话框，在绘图区选择圆柱体，单击【确定】按钮，弹出【编辑对象显示】对话框，单击【颜色】栏后的矩形方框，弹出【颜色】对话框，在其【收藏夹】栏下选择具体的颜色种类，单击【确定】按钮，回到【编辑对象显示】对话框，再次单击【确定】按钮，完成圆柱体的显示颜色设置。

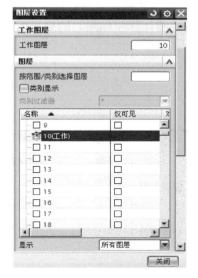

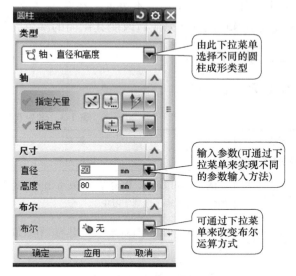

图 1-7   UG NX "图层"设置   图 1-8   创建圆柱体

5）单击【格式】/【图层设置】，弹出【图层设置】对话框，在【显示】栏后的下拉菜单中选择【所有图层】，将在层列表中列出所有的层名，勾选层 "1"，则长方体又出现了。

6）查询物体信息：单击【分析】/【测量距离】，通过选用不同的类型来查询物体信息，分析物体高度、各圆大小、各边长度等。

7）观察物体：分别单击 、 、 、 、 、 图标进行操作；分别以 、 、 、 、 、 、 等不同视角进行观察；单击【视图】/【布局】/【替换视图】，通过更换视图来进行观察。

 引导问题与思考：分层对于建模来说有何好处？在第 8 层设计一个轴线是 XC-YC 平面内与 XC 轴夹角为 30°的圆柱，改变其侧面颜色，并查询圆心坐标值。

1.5   项目测试与学习评价

一、学习任务项目测试

测试 1
要求：在第 6 层构造圆锥体。

测试 2
要求：在第 9 层构造一个长 150mm、宽 100mm、高 40mm 的长方体，并使之以红色显示。

测试 3
要求：将上述长方体改为边长为 50mm 的正方体，并以正等侧视图方式透明显示，同时改变为紫色。

测试 4

要求：使第 6、9 层均为不可见，在第 3 层设计一个圆柱，其轴线在 XC-ZC 平面内，与 XC 轴夹角为 45°，设计完成后改变其侧面的颜色，最后查询圆柱体积和圆心的坐标值。

二、学习评价

1. 自评（表 1-3）

表 1-3　学生自评表

班级				日期	年　月　日
评价指标	评价内容			分数	分数评定
信息检索	能有效利用网络、图书资源查找有用的相关信息等；能将查到的信息有效地传递到学习中			10	
感知课堂生活	熟悉数字化建模与制造岗位，认同工作价值；在学习中能获得满足感			10	
参与态度	积极主动与教师、同学交流，相互尊重、理解；与教师、同学能够保持多向、丰富、适宜的信息交流			10	
	能处理好合作学习和独立思考的关系，做到有效学习；能提出有意义的问题或能发表个人见解			10	
知识（技能）获得	能正确进行 UG NX 指令调用			20	
	能按要求完成简单的 UG NX 模型文件的创建			20	
思维态度	能发现问题、提出问题、分析问题、解决问题、创新问题			10	
自评反馈	能按时按质完成任务；较好地掌握了知识点；具有较强的信息分析能力和理解能力；具有较为全面严谨的思维能力并能条理清楚地表达成文			10	
自评分数					
有益的经验和做法					
总结反馈建议					

2. 互评（表 1-4）

表 1-4　互评表

班级		组名		日期	年　月　日
评价指标	评价内容			分数	分数评定
信息检索	能有效利用网络、图书资源、工作手册查找有用的相关信息等；能用自己的语言有条理地去解释、表述所学知识；能将查到的信息有效地传递到工作中			10	
感知工作	熟悉工作岗位，认同工作价值；在工作中能获得满足感			10	
参与态度	积极主动参与工作，吃苦耐劳，崇尚劳动光荣、技能宝贵；与教师、同学相互尊重、理解；与教师、同学能够保持多向、丰富、适宜的信息交流			10	
	能探究式学习、自主学习，处理好合作学习和独立思考的关系，做到有效学习；能提出有意义的问题或能发表个人见解；能按要求正确操作；能倾听别人意见、协作共享			10	
学习方法	学习方法得当，有工作计划；操作技能符合规范要求；能按要求正确操作；能获得进一步学习的能力			10	
工作过程	遵守管理规程，操作过程符合现场管理要求；平时上课的出勤情况和每天完成工作任务情况；善于多角度分析问题，能主动发现、提出有价值的问题			10	
思维态度	能发现问题、提出问题、分析问题、解决问题、创新问题			10	
知识与技能的把握	按时按质完成工作任务；较好地掌握了以下专业知识点：UG NX 的启动；UG NX 文件的建立、保存与打开；UG NX 图形界面；UG NX 图标与菜单；图层操作；长方体造型；物体的显示方法			30	
互评分数					
有益的经验和做法					
总结反馈建议					

3. 师评（表 1-5）

表 1-5　教师评价表

班级			组名			姓名		
出勤情况								
序号	评价内容	评价要点	考查要点		分数	分数评定标准		得分
一	问题回答与讨论	引导问题内容细节	发帖与跟帖		8	发帖与表达准确度		
			讨论问题			参与度、思路或层次清晰度		

（续）

班级			组名			姓名	
出勤情况							
序号	评价内容	评价要点	考查要点	分数		分数评定标准	得分
二	学习任务实施	依据任务内容确定学习计划	分析建模步骤关键点准确	8		思路或层次不清扣 1 分	
			涉及知识、技能点准确且完整			不完整扣 1 分，分工不准确扣 1 分	
		建模过程	UG NX 的启动；UG NX 文件的建立、保存与打开	65		不能正确操作扣 5 分	
			UG NX 图形界面；UG NX 图标与菜单；图层操作；长方体造型；物体显示方法			不能正确完成一个步骤扣 5 分	
三	总结	任务总结	依据自评分数	4			
			依据互评分数	5			
			依据个人总结评价报告	10		依据总结内容是否到位给分	
		合计		100			

 1.6 第二课堂：拓展学习

依托创新创业孵化工作室、学生专业社团活动等第二课堂，进行拓展学习，完成表 1-6 的内容。

表 1-6 行业技能大赛的基本认知

大赛名称及网址	内容、要求与规范	有关行业标准、技术特征
全国三维数字化创新设计大赛（简称"全国 3D 大赛"，https：//3dds. 3ddl. net）		
工业产品数字化设计与制造行业赛		
全国应用型人才综合技能大赛（https：//www. qxwq. org. cn）		

学习任务 2

UG NX草绘与钣金件建模

2.1 导学：学习任务布置与项目分析

一、任务描述

1. 任务书

客户：宜宾某五金公司。

产品：某冲压件（图2-1）和某折弯件（图2-2）。

技术要求：大批量生产。

背景：宜宾某五金公司基于客户要求，需完成某冲压件和某折弯件的草图、三维建模设计。

2. 任务内容

在通盘了解草图和钣金件基本知识及 UG NX 软件草绘设计、钣金建模界面与指令的基础上，通过针对不同形状的轮廓进行草绘设计，并在此基础上进行冲压件、折弯件等钣金件的建模设计，来进一步理解 UG NX 的各主要功能模块，

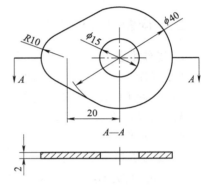

图 2-1　某冲压件

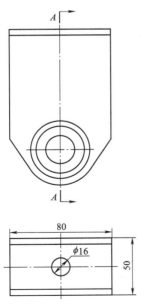

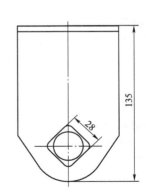

图 2-2　某折弯件

掌握 UG NX 草绘设计及 UG NX 钣金建模的基本操作方法，初步学会运用 UG NX 工具进行草绘和钣金建模设计。

3. 学习目标

1）了解草图的基础知识。

2）熟悉草图曲线和草图操作工具的应用。

3）了解钣金基础知识；熟悉钣金件三维造型的常用操作。

4）学会草绘平面选取及辅助面的绘制；能灵活应用尺寸约束、几何约束等方法对草图定位。

5）学会运用特征操作指令进行三维实体建模设计；学会对基体、孔洞、弯边与凹坑等进行建模；能对常见钣金件进行建模。

6）提升学生自信心与自豪感，培育学生研究和推广新工艺、新技术的职业精神。

二、问题引导与分析

1. 工作准备

1）阅读学习任务书，完成分组及组员间分工。

2）学习 UG NX 草图、简单件三维建模操作。

3）完成草绘设计与钣金件三维建模操作任务。

4）展示作品，学习评价。

2. 任务项目分析与解构

1）冲压件建模步骤（表 2-1）。

表 2-1　冲压件建模步骤

步　　骤	图　　例
步骤 1：创建草绘面 新建 UG NX 建模文件；设置背景；创建草图，以 XY 基准平面作为草绘面	
步骤 2：生成中心线 说明参考线与轮廓线的转换方法；介绍草图约束的方法	
步骤 3：基本轮廓线绘制 说明圆与相切线绘制的方法	

（续）

步　骤	图　例
步骤 4：生成封闭轮廓 说明"修剪"编辑命令的使用方法	
步骤 5：生成实体 说明"拉伸"操作的方法	

2）折弯件建模步骤（表 2-2）。

表 2-2　折弯件建模步骤

步　骤	图　例
步骤 1：创建基体草图 说明草图绘制、编辑、定位方法	
步骤 2：生成钣金基体 说明钣金种类、特点与应用，以及 UG NX 钣金模块界面操作的方法	
步骤 3：凹坑与冲孔 说明凹坑与冲压除料操作的方法	
步骤 4：生成凸缘特征 说明"法向除料""镜像特征"操作的方法	
步骤 5：折弯 说明"折弯"操作的方法	

3. 获取资讯

❓ **引导问题 1**：如何理解草图？草图在设计中的地位如何？钣金如何分类？其功能与特征如何？填写表 2-3。

表 2-3　草图与钣金件的基本认知

内容	截取示意图	主要特征、应用
草图		
钣金件		

引导问题 2：如何理解 UG NX 草图创建方法与操作流程？以简单案例截图进行说明。

_____

_____

_____

引导问题 3：草图操作时如何进行定位？步骤有哪些？

_____

_____

_____

引导问题 4：常用的钣金件有哪些？钣金工艺对于我国航空制造业影响如何？如何对其进行三维建模？

_____

_____

_____

4. 工作计划

按照收集的信息和决策过程，根据 UG NX 草绘设计步骤、钣金件三维建模步骤、注意事项，完成表 2-4 的内容。

表 2-4　钣金件三维建模工作方案

步骤	工作内容	负责人
1		
2		
3		

 ## 2.2　UG NX 草绘基本认知

一、UG NX 草图基础

UG NX 是一个集成化的 CAD/CAM/CAE/PDM 软件系统，草图（Sketch）功能是该系统的一个地基，是实现 UG NX 软件参数化特征建模的基础。

草图是三维建模前在特定的二维平面上快速绘制的曲线，有便于修改、能够灵活控制的特点（即参数化修改和添加尺寸及几何约束）。这些曲线可以用于拉伸，绕一根轴旋转形成实体，定义自由曲面形状特征或作为扫掠曲面的截面线。

1. 草图特征

1）草图在特征树上显示为一个特征，具有参数化和便于编辑修改的特点。

2）可以快速绘出大概的形状，再添加尺寸和约束后完成轮廓的设计，这样能够较好地表达设计意图。

3）草图和其生成的实体是相关联的，当设计项目需要优化修改时，修改草图上的尺寸和替换线条可以很方便地更新最终的设计。

4）草图可以方便管理曲线。

2. 草图主要应用场合

1）需要参数化地控制曲线时。

2）当 UG NX 成形无法用特征构造的形状时。

3）当使用一组特征去建立希望的形状而使该形状较难编辑时。

4）部件尺寸发生改变但有共同的形状，草图应考虑作为一个用户定义特征的一部分。

5）模型形状较容易由拉伸、旋转或扫掠建立时。

3. 如何创建草图

1）想清楚需要几个草图和用怎样的草图才能把特征建立起来，即先在脑海中形成一个思路。

2）确定在什么地方建立草图平面，并创建草图平面。

3）为便于管理，草图命名和放置的图层要符合有关规定。

4）检查和修改草图参数设置。

5）快速绘出大概的草图形状或将外部几何对象添加到草图中。

6）按要求先对草图进行几何约束，然后加上尽可能少的尺寸（应当以几何约束为主，尺寸约束尽可能少）。

7）利用草图建立所需特征。

8）根据建模情况编辑草图，最终得到所需模型。

草绘界面与
操作流程

二、UG NX 草绘设计操作流程与工具条

1）创建草图平面：在工具栏中单击 ⊡，选择合适的类型和平面方法，如图 2-3 所示。

2）作绘图参考线：单击草图图标工具 ⊿，在草图上作两直线（图 2-4a），运用 ⊿ 下的 ＼ 使其与系统自带的 X、Y 轴共线，并运用 ⊞ 使之成为参考线（图 2-4b）。

3）以图 2-5 所示工具条绘制草图截面基本轮廓。

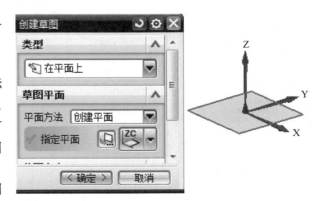

图 2-3　创建草图平面

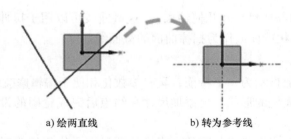

a) 绘两直线　　　　　　　b) 转为参考线

图 2-4　作绘图参考线

图 2-5　草图绘制工具条

4）以图 2-6 所示工具条对草图进行约束与定位。

5）以图 2-7 所示工具条对草图进行封闭和完善。

6）以图 2-8 所示工具条进行尺寸定位。

图 2-6　草图约束工具条

⚲ 自动判断尺寸	D
⊢ 水平尺寸	
⊩ 竖直尺寸	
⚹ 平行尺寸	
⚹ 垂直尺寸	
∠ 角度尺寸	
⚹ 直径尺寸	
⚹ 半径尺寸	
⚹ 周长尺寸	

图 2-7　草图编辑工具条

图 2-8　尺寸定位工具条

三、UG NX 草图界面

草图界面如图 2-9 所示，重点操作在于标注与约束。

草绘界面与指令

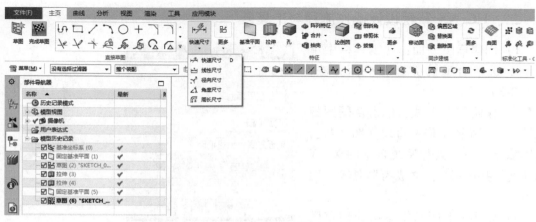

图 2-9　草图界面

2.3　UG NX 钣金基础

钣金基础

一、钣金基本认知

（1）钣金定义　钣金是一种加工工艺，尚未有一个比较完整的定义。根据国外某专业期刊，可以将其定义为：钣金是针对金属薄板（通常在 6mm 以下）的一种综合冷加工工艺，包括剪、冲/切/复合、折、铆接、拼接、成形（如汽车车身）等。其显著的特征就是同一零件厚度一致。

（2）钣金工艺特点　钣金具有重量轻、强度高、导电（能够用于电磁屏蔽）、成本低、大规模量产性能好等特点，在电子电器、通信、汽车工业、医疗器械等领域得到了广泛应用，例如在计算机机箱、手机及其他电子产品中，钣金是必不可少的组成部分。随着钣金的应用越来越广泛，钣金件的设计变成了产品开发过程中很重要的一环，机械工程师必须熟练掌握钣金件的设计技巧，使得设计的钣金既满足产品的功能和外观等要求，又能使得冲压模具制造简单、成本低。

（3）钣金材料主要用途　适合于冲压加工的钣金材料非常多，广泛应用于电子电器行业的钣金材料包括：

1）普通冷轧板（SPCC）。SPCC 是指钢锭经过冷轧机连续轧制成要求厚度的钢板卷料或片料。SPCC 表面没有任何的防护，暴露在空气中极易被氧化，特别是在潮湿的环境中氧化速度加快，出现暗红色的铁锈，在使用时表面要喷漆、电镀或进行其他防护处理。

2）镀锌钢板（SECC）。SECC 的底材为一般的冷轧钢卷，在经过脱脂、酸洗、电镀及各种后处理制程后，即成为电镀锌产品。SECC 不但具有与一般冷轧钢片近似的力学性能及可加工性，而且具有优良的耐蚀性及装饰性，在电子产品、家电及家具市场具有很强的竞争力，例如计算机机箱普遍使用的就是 SECC。

3）热浸镀锌钢板（SGCC）。SGCC 是指将热轧酸洗或冷轧后的半成品，经过清洗、退火，浸入温度约 460℃ 的熔融锌槽中，使钢片镀上锌层，再经调质整平及化学处理而成。SGCC 材料比 SECC 材料硬、延展性差（避免深抽设计）、锌层较厚、焊接性差。

4）不锈钢 SUS301。Cr（铬）的含量较 SUS304 低，耐蚀性较差，但经过冷加工能获得很好的力学性能和硬度，弹性较好，多用于弹片弹簧以及防电磁干扰。

5）不锈钢 SUS304。使用最广泛的不锈钢之一，因含 Ni（镍），故比含 Cr 的钢耐蚀性、耐热性好，拥有非常好的力学性能，无热处理硬化现象，没有弹性。

（4）钣金工艺　钣金工艺的基本设备包括剪板机，数控压力机，激光、等离子、水射流切割机，折弯机，钻床，以及各种辅助设备，如开卷机、校平机、去毛刺机、点焊机等。

通常，钣金工艺最重要的四个步骤是剪、冲/切、折/卷、焊接。

钣金有时也称作板金，这个词来源于英文 platemetal，一般是将一些金属薄板通过手工或模具冲压使其产生塑性变形，形成所希望的形状和尺寸，并可进一步通过焊接或少量的机械加工形成更复杂的零件。

金属板材加工就叫钣金加工，具体如利用板材制作厨具、铁桶、油箱、通风管道、弯头等，主要工序是剪切、折弯扣边、弯曲成形、焊接、铆接等，需要一定的几何知识。

钣金件就是薄板五金件，也就是可以通过冲压、弯曲、拉伸等手段来加工的零件，一个大概的定义就是：在加工过程中厚度不变的零件。与之相对应的是铸造件、锻压件、机械加工零件等。家庭中常用的厨具、铁皮炉，还有汽车车身都是钣金件。

现代钣金工艺包括：激光切割、整形加工、金属粘接、金属拉拔、等离子切割、辊轧成形、金属板材弯曲成形、模锻、水喷射切割、精密焊接等。

钣金件的表面处理也是钣金加工过程中非常重要的一环，因为它有防止零件生锈、美化产品外观等作用。钣金件表面前处理的作用主要是去除油污、氧化皮、铁锈等，它为表面后处理做准备，而后处理主要是喷（烤）漆、喷塑，以及镀防锈层等。

在 3D 软件中，SolidWorks、UG、Pro/E、SolidEdge、TopSolid、CATIA 等都有钣金功能，主要是通过对 3D 图形的编辑而得到钣金件加工所需的数据（如展开图、折弯线等），以及为数控压力机、激光/等离子/水射流切割机、复合机及数控折弯机等提供数据。

（5）钣金件成形 其成形方式如图 2-10 所示。

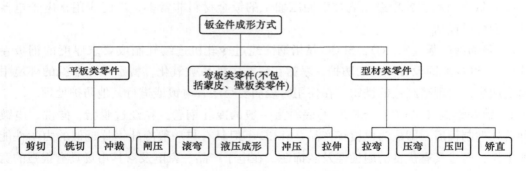

图 2-10 钣金件成形方式

钣金加工是钣金制品成形的一道重要工序，包括传统切割下料、冲裁加工、弯压成形等方法。

钣金加工零件主要分为三种类型：

第一种是具有气动力外形的零件，包括飞机机身、机翼、尾翼和进气道的蒙皮，导弹弹身、舵面的蒙皮，火箭发动机的燃烧室和喷管等。

第二种是一些骨架零件，比如纵向、横向和斜向构件，如梁、桁条、隔框、翼肋等。

第三种是一些内装零件，比如燃料、操作、通信等系统及其子设备中的各种钣金加工件，如油箱、各种导管、支架、座椅等。这些不同的零件在制作过程中所选用的加工工艺也是不同的。

钣金操作指令

二、UG NX 钣金工具条

进入 UG NX 钣金模块，以图 2-11 所示钣金工具条进行钣金件设计。

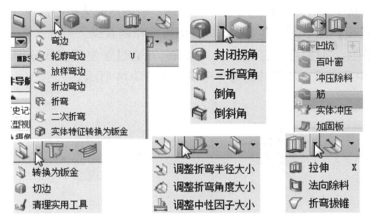

图 2-11　UG NX 钣金工具条

2.4　案例：UG NX 草绘与钣金件建模

一、案例任务 1：草图与三维建模设计

1. 要求

完成如图 2-12 所示冲压件的草图、三维建模设计。

2. 步骤

（1）在 XY 平面构建草图

1）打开 UG NX，建立文件名为 DlianPian1、单位为 mm 的模型文件，选择好放置路径，单击【确定】按钮。

2）设置背景：按 Ctrl+M 组合键进入建模环境，选择【背景】，勾选【纯色】，将【普通颜色】设置为白色，单击【确定】按钮。

3）在工具栏中单击 图标，以"创建平面"方法创建 XY 基准平面作为草绘面，如图 2-13 所示。

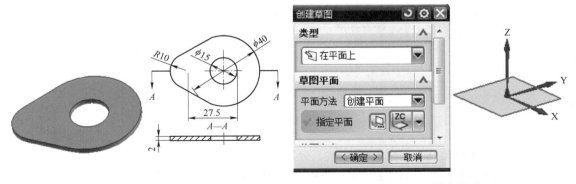

图 2-12　冲压件　　　　　　　　　图 2-13　创建平面

4）单击【确定】按钮，在工具栏中单击 图标，以【俯视图】作为正对平面。

5）在绘图区选中固定基准面边框，单击右键，在弹出的菜单中选择【隐藏】 。

6）单击【直线】图标 ，在草图上以任意方向作两直线。

7）单击 图标，分别选中直线与 X、Y 轴，并通过 使两直线分别与 X、Y 轴共线；单击 图标，选中两直线，使其转化为参考线，如图 2-14 所示。

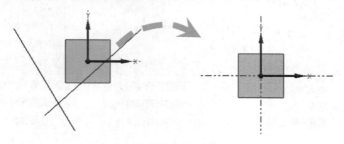

图 2-14　绘直线

8）单击 图标，在 Y 轴左侧适当位置作一直线，单击 图标，分别选中此直线与 Y 轴，并通过 使其平行约束；单击 图标，选中此直线，使其转化为参考线；单击【自动判断尺寸】图标 ，分别选中此参考线与 Y 轴，使其距离约束为 20mm，如图 2-15 所示。

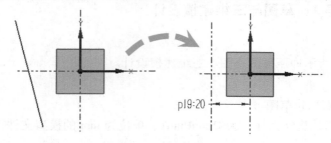

图 2-15　绘中心轴线

9）单击【圆】图标 ，以【捕捉交点】方式 定圆心绘三个圆，如图 2-16 所示。

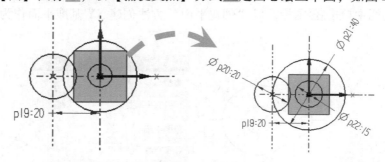

图 2-16　绘圆

10）单击【自动判断尺寸】图标 ，分别给三个圆输入直径参数。

11）单击 图标作两斜线；单击 图标，分别选其中一条斜线与其中一个圆，在弹出的【约束】工具条中单击 图标，使其相切；同理，完成两圆的两外公切线的约束，如图 2-17 所示。

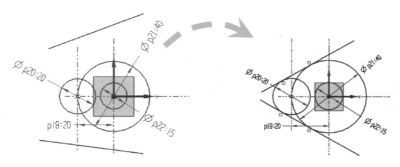

图 2-17　绘公切线

12）单击【快速修剪】图标，完成草图截面曲线，如图 2-18 所示。

13）单击 完成草图 图标。

（2）生成实体

1）单击 图标，弹出【拉伸】对话框，按图 2-19 所示进行设置。

2）在图形区选内外两相连轮廓线，单击【确定】按钮，生成实体，如图 2-20 所示。

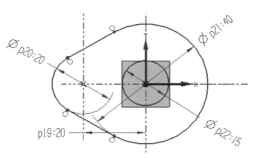

图 2-18　修剪成图

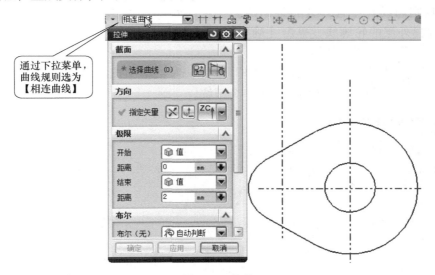

通过下拉菜单，曲线规则选为【相连曲线】

图 2-19　拉伸

3）选中草图，单击右键，在弹出的菜单中选择【隐藏】命令，将草图隐藏。

二、案例任务 2：折弯件建模

1. 要求

完成图 2-2 所示钣金件的三维建模设计。

图 2-20　生成实体

2. 步骤

1）打开 UG NX，建立文件名为 BanJin1、单位为 mm 的模型文件，选择好放置路径，单击【确定】按钮。

2）设置背景：选择【背景】，勾选【纯色】，设置为白色，单击【确定】按钮。

3）依次单击【开始】/【所有应用模块】/【钣金】/【UG NX 钣金】，进入钣金模块；在工具栏中单击 图标，以【创建平面】方法创建 XY 基准平面作为草绘面，绘制如图 2-21 所示草图（具体方法与前述类似）。

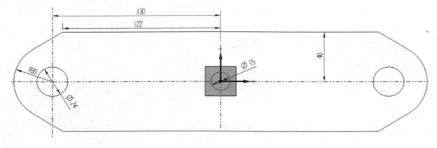

图 2-21 绘草图

4）完成草图后单击【突出块】图标，在【规则曲线】中选择【相连曲线】，在绘图区选择外层的轮廓线，单击【确定】按钮，生成如图 2-22 所示基体。

图 2-22 生成基体

5）单击【凹坑】图标，在弹出的【凹坑】对话框中按图 2-23 所示进行参数设置，选图示圆弧，单击【确定】按钮，生成一个凹坑。

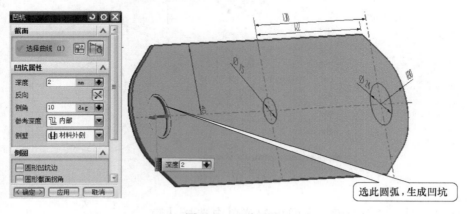

图 2-23 生成凹坑

6）同理，生成另一个凹坑（或通过【镜像特征】来生成）。

7）单击【冲压除料】图标，在弹出的【冲压除料】对话框中按图 2-24 所示进行参数设置，选图示中间圆弧，单击【确定】按钮，生成一个冲孔。

8）单击【突出块】图标，在弹出的对话框中按图 2-25 所示进行参数设置。

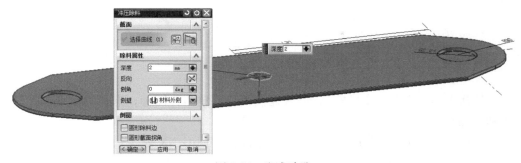

图 2-24　生成冲孔

图 2-25　突出块操作

9）单击【选择曲线】栏后的图标 ，弹出【创建草图】对话框，按图 2-26 所示进行设置，并选图示平面为草绘平面。

图 2-26　创建草图

10）通过运用 ⬭、 ∥、 ⊥、 ⬭ 等工具完成图 2-27 左图所示草图，单击【确定】按钮，生成突出块，如图 2-27 右图所示。

11）同理，生成另一个钣金件；或通过【插入】/【关联复制】/【镜像特征】 ⬭，以 YZ 面为镜像平面进行镜像，生成钣金件，如图 2-28 所示。

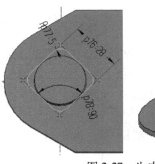
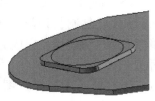

图 2-27　生成突出块

图 2-28　生成钣金件

12）依次单击【开始】/【建模】，进入建模模块，单击 图标，选择突出块与凹坑，进行"求和"布尔运算。

13）依次单击【开始】/【所有应用模块】/【钣金】/【UG NX 钣金】，重新进入钣金模块，单击 图标，如图 2-29 所示，以突出块上表面为草绘面，运用 、 等工具作一个 ϕ22mm 的圆，单击 图标。

图 2-29　草绘

14）单击【法向除料】图标 ，弹出【法向除料】对话框，按图 2-30 所示进行设置，并选圆为截面曲线，单击【确定】按钮，完成一次除料。

图 2-30　法向除料

15）同理，完成另一次除料；或通过【插入】/【关联复制】/【镜像特征】 ，以 YZ 面为镜像平面进行镜像，完成另一次除料，如图 2-31 所示。

16）单击【折弯】图标 ，弹出【折弯】对话框，按图 2-32 所示进行设置。

图 2-31　镜像

图 2-32　折弯设置

17）单击【选择曲线】栏后的 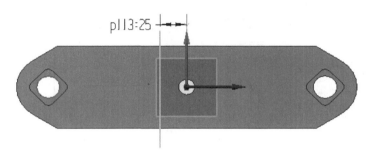 图标，绘草图，如图 2-33 所示。

图 2-33　绘草图

18）单击【完成草图】图标，回到【折弯】对话框，单击【应用】按钮，完成一道折弯，如图 2-34 所示。

19）同理，完成另一道折弯，其结果如图 2-35 所示。

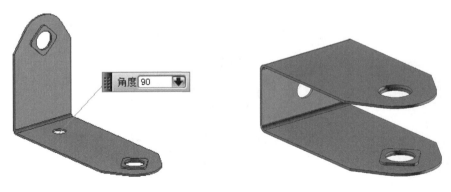

图 2-34　第一道折弯　　　　　　图 2-35　第二道折弯

🔧 **引导问题与思考**：做草绘设计时"自带约束"有何影响？草图定位时要如何才能达到图元完全约束？

2.5　项目测试与学习评价

一、学习任务项目测试

测试 1

要求：按照图 2-36 所示绘制草图轮廓，请注意对称、相切等几何关系，其中 $A=32$mm，$B=52$mm。

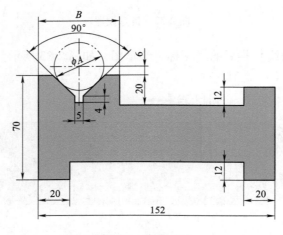

图 2-36　草绘（1）

测试 2

要求：完成图 2-37 所示吊钩的草图设计。

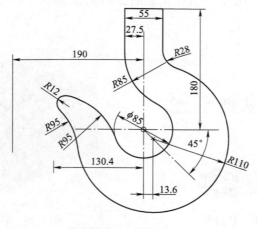

图 2-37　草绘（2）

测试 3

要求：完成图 2-38 所示草图设计。

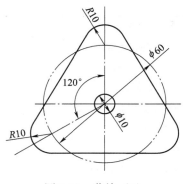

图 2-38　草绘（3）

测试 4

要求：完成图 2-39 所示草图设计。

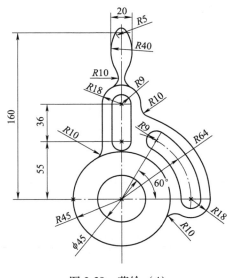

图 2-39　草绘（4）

二、学习评价

1. 自评（表 2-5）

表 2-5　学生自评表

班级		组名		日期	年　月　日
评价指标		评价内容		分数	分数评定
信息检索		能有效利用网络、图书资源查找有用的相关信息等；能将查到的信息有效地传递到学习中		10	
感知课堂生活		熟悉数字化建模与制造岗位，认同工作价值；在学习中能获得满足感		10	

（续）

班级		组名		日期	年 月 日
评价指标	评价内容			分数	分数评定
参与态度	积极主动与教师、同学交流，相互尊重、理解；与教师、同学能够保持多向、丰富、适宜的信息交流			10	
	能处理好合作学习和独立思考的关系，做到有效学习；能提出有意义的问题或能发表个人见解			10	
知识（技能）获得	能正确进行草图设计			20	
	能按要求完成简单的钣金件草图与建模			20	
思维态度	能发现问题、提出问题、分析问题、解决问题、创新问题			10	
自评反馈	能按时按质完成任务；较好地掌握了技能点；具有较强的信息分析能力和理解能力；具有较为全面严谨的思维能力并能条理清楚地表达成文			10	
自评分数					
有益的经验和做法					
总结反馈建议					

2. 互评（表 2-6）

表 2-6　互评表

班级		组名		日期	年 月 日
评价指标	评价内容			分数	分数评定
信息检索	能有效利用网络、图书资源、工作手册查找有用的相关信息等；能用自己的语言有条理地去解释、表述所学知识；能将查到的信息有效地传递到工作中			10	
感知工作	熟悉工作岗位，认同工作价值；在工作中能获得满足感			10	
参与态度	积极主动参与工作，吃苦耐劳，崇尚劳动光荣、技能宝贵；与教师、同学相互尊重、理解；与教师、同学能够保持多向、丰富、适宜的信息交流			10	
	能探究式学习、自主学习，处理好合作学习和独立思考的关系，做到有效学习；能提出有意义的问题或能发表个人见解；能按要求正确操作；能倾听别人意见、协作共享			10	
学习方法	学习方法得当，有工作计划；操作技能符合规范要求；能按要求正确操作；能获得进一步学习的能力			10	

（续）

班级		组名		日期	年　月　日
评价指标	评价内容			分数	分数评定
工作过程	遵守管理规程，操作过程符合现场管理要求；平时上课的出勤情况和每天完成工作任务情况；善于多角度分析问题，能主动发现、提出有价值的问题			10	
思维态度	能发现问题、提出问题、分析问题、解决问题、创新问题			10	
知识与技能的把握	按时按质完成工作任务；较好地掌握了以下专业技能点：草图的定位、约束；UG NX 草绘界面、指令的应用；UG NX 钣金界面；UG NX 钣金指令的运用；折弯钣金件的草绘与建模			30	
互评分数					
有益的经验和做法					
总结反馈建议					

3. 师评（表 2-7）

表 2-7　教师评价表

班级			组名			姓名	
出勤情况							
序号	评价内容	评价要点	考查要点	分数	分数评定标准		得分
一	问题回答与讨论	引导问题内容细节	发帖与跟帖	8	发帖与表达准确度		
			讨论问题		参与度、思路或层次清晰度		
二	学习任务实施	依据任务内容确定学习计划	分析建模步骤关键点准确	8	思路或层次不清扣 1 分		
			涉及知识、技能点准确且完整		不完整扣 1 分，分工不准确扣 1 分		
		建模过程	UG NX 草图绘制；UG NX 草图的定位与约束	65	过约束、欠约束分别扣 5 分		
			UG NX 钣金界面；UG NX 钣金造型指令的运用；折弯钣金件的草绘与三维造型；操作导航器的应用		不能正确完成一个步骤扣 5 分		
三	总结	任务总结	依据自评分数	4			
			依据互评分数	5			
			依据个人总结评价报告	10	依据总结内容是否到位给分		
		合计		100			

2.6 第二课堂：拓展学习

1）依托企业生产实训基地，了解钣金件相关知识及设计技能，对接企业生产。

2）工程实战任务：完成图 2-40 所示的草图设计及图 2-41 所示的钣金件三维建模。

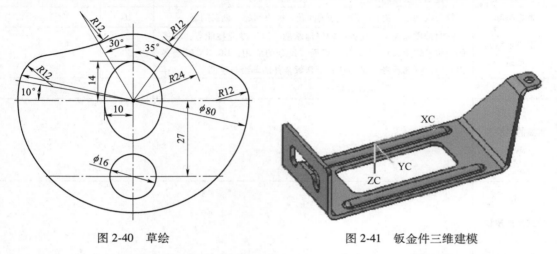

图 2-40 草绘　　　　　　　　　　　图 2-41 钣金件三维建模

3）课后观看中央电视台播放的《大国工匠》《国之重器》《澎湃动力》等相关宣传片，增长学识，增强民族自豪感。

学习任务 ③

UG NX塑件建模

3.1 导学：学习任务布置与项目分析

一、任务描述

1. 任务书

客户：宜宾某模具公司。

产品：某电子产品外壳（图 3-1）。

图 3-1　某电子产品外壳

背景：宜宾某模具公司基于客户要求，需进行某电子产品外壳塑件的三维建模造型设计。

技术要求：大批量生产。

2. 任务内容

在通盘了解曲线、曲面和壳体塑件基本知识及特性要求，并了解 UG NX 软件曲线与曲面工具条及指令的基础上，通过运用草绘功能进行外壳塑件的造型建模设计，来理解 UG NX 的各主要功能模块，并进一步掌握 UG NX 草绘设计及 UG NX 建模操作的基本方法，学会运用 UG NX 工具进行片体建模设计。

3. 学习目标

1）识记塑件建模的基本步骤。

2）能说出塑件建模的基本思路。

3）掌握塑件数字化三维建模的基本方法与三维数字化实体建模基本技能。

4）学会草图拉伸、偏置、拔模、布尔运算等基本操作方法和技能，完成塑件的建模设计。

5）培养学生的工匠精神与爱国报国之志。

6）培养学生正确的价值观，以及不甘落后、急起直追的精神。

7）培养学生的审美与人文素养。

二、问题引导与分析

1. 工作准备

1）阅读学习任务书，完成分组及组员间分工。

2）学习草绘设计、曲面与片体建模操作。

3）完成塑件三维建模操作任务。

4）展示作品，学习评价。

2. 任务项目分析与解构

外壳塑件建模步骤见表 3-1。

表 3-1 外壳塑件建模步骤

步 骤	图 例
步骤 1：草图设计 新建 NX 模型文件；绘制基体草图	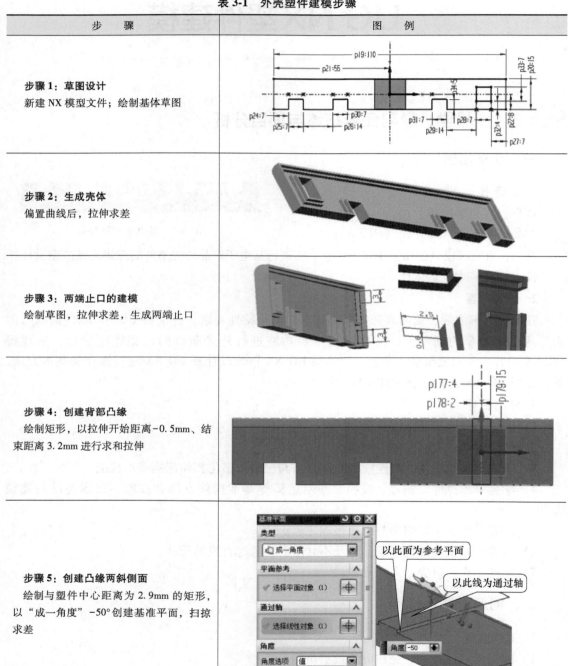
步骤 2：生成壳体 偏置曲线后，拉伸求差	
步骤 3：两端止口的建模 绘制草图，拉伸求差，生成两端止口	
步骤 4：创建背部凸缘 绘制矩形，以拉伸开始距离 −0.5mm、结束距离 3.2mm 进行求和拉伸	
步骤 5：创建凸缘两斜侧面 绘制与塑件中心距离为 2.9mm 的矩形，以"成一角度"−50° 创建基准平面，扫掠求差	

（续）

步　　骤	图　　例
步骤 6：生成内部底槽 画梯形草图，拉伸求差生成底槽	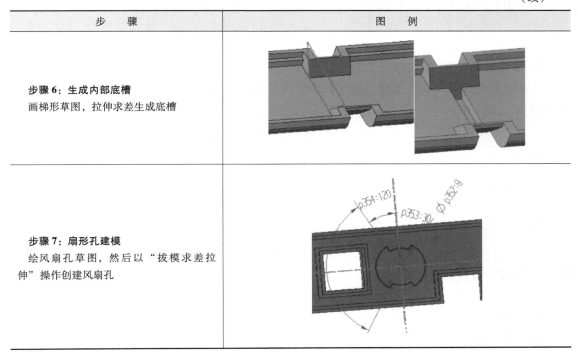
步骤 7：扇形孔建模 绘风扇孔草图，然后以"拔模求差拉伸"操作创建风扇孔	

3. 获取资讯

引导问题 1：如何进行曲面建模？塑件有哪些主要应用？其功能与特征如何？请获取资讯后结合具体操作完成表 3-2 的内容。

表 3-2　曲面与塑件建模操作

建模操作	截取示意图	主要特征、应用
曲面建模		
塑件建模		

引导问题 2：布尔运算有何重要作用？截图说明其操作方法。

引导问题 3：常见的塑件产品有哪些？它们各有何作用？这些塑件有什么样的要求？你在塑件造型时会考虑哪些美学理念？

引导问题 **4**：常见的塑件如何进行三维建模？截图说明操作方法。

4. 工作计划

按照收集的资讯和决策过程，根据软件建模处理步骤、操作方法、注意事项，完成表 3-3
的内容。

表 3-3　塑件三维建模工作方案

步骤	工作内容	负责人
1		
2		
3		

 3.2　UG NX 曲线

一、UG NX 曲线功能与运用的基本认知

UG NX 曲线功能十分强大，分为三部分：曲线生成、曲线编辑及曲线操作。利用这些
曲线功能，可以方便快捷地绘制出各种各样复杂的二维图形。曲线功能是 UG NX 中最基本
的功能之一。

1. 曲线功能概述

1）曲线生成用于建立遵循设计要求的点、直线、圆弧、样条曲线、二次曲线、平面等
几何要素。一般来说，曲线功能建立的几何要素主要位于工作坐标系 XY 平面上（用捕捉点
的方式也可以在空间中画线）。当需要在不同平面上建立曲线时，需要用坐标系工具 WCS/
Rotate 或者 Orient 来转换 XY 平面。

2）编辑功能是对这些几何要素进行编辑修改，如修剪曲线、曲线拉伸等。

3）曲线操作（运算）是对已存在的曲线进行几何运算处理，如曲线桥接、投影、接
合等。

2. 应用意义

按设计要求建立曲线，所建立的曲线作为构造 3D 模型的初始条件，如用于生成扫描特
征及构造空间曲线。

3. 基本曲线（Basic Curve）**生成**

基本曲线包括直线、圆弧、圆、倒圆角、修剪，以及编辑曲线参数等子功能，可以完成
简单二维图的绘制。

二、UG NX 曲线工具栏

1）曲线与曲线编辑工具栏如图 3-2 所示。

2）基本曲线工具栏如图 3-3 所示，可以通过【工具】/【自定义】/【曲线】/【基本曲线】
来调出。

图 3-2　曲线与曲线编辑工具栏　　　　　　　图 3-3　基本曲线工具栏

3.3　UG NX 曲面建模

一、UG NX 曲面与编辑曲面工具

曲面工具栏如图 3-4 所示，编辑曲面工具栏如图 3-5 所示。

图 3-4　曲面工具栏　　　　　　　　　　　图 3-5　编辑曲面工具栏

二、UG NX 曲面特征操作与曲面特征编辑工具

曲面特征工具栏如图 3-6a 所示，曲面特征编辑工具栏如图 3-6b 所示。

a) 曲面特征工具栏

b) 曲面特征编辑工具栏

图 3-6　曲面特征和曲面特征编辑工具栏

3.4　案例 1：UG NX 壳座塑件建模

1. 案例任务：壳座塑件建模设计

要求：完成图 3-7 所示壳座塑件的草图、三维建模设计。

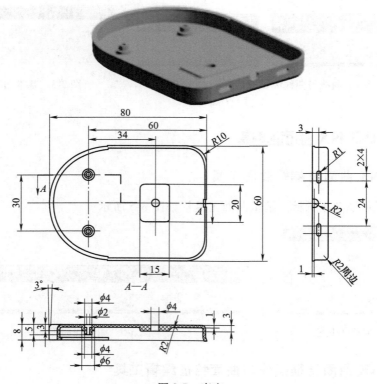

图 3-7 壳座

2. 步骤

（1）分析零件图样 顺序为从整体到局部。

（2）分析塑件建模零件特点及建模思路。

（3）关键技能点。

1）进入 UG，建立 Kezuo. prt 模型文件。

2）单击【建模】/【草图】，以 XY 平面为草绘平面，作长 80mm、宽 60mm 且倒圆角后的草图，如图 3-8 所示。

3）单击【完成草图】图标，拉伸生成高 8mm 的长方体，拔模选择【从起始限制】，角度为 3°。

4）以【边倒圆】方式选取底边，设置倒圆半径为 2mm，如图 3-9 所示。

5）抽壳采取【移除面，然后抽壳】方式，选择顶面为移除面，厚度为 1mm，如图 3-10 所示。

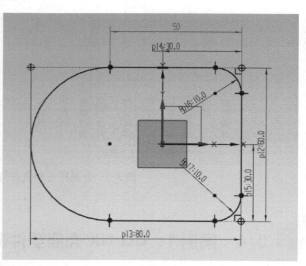

图 3-8 草绘

图 3-9　边倒圆

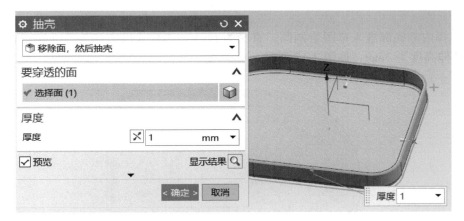

图 3-10　抽壳

6）选择零件内部底平面，绘制长 15mm、宽 20mm 的草图，草图四个角倒圆各 2mm，如图 3-11 所示。

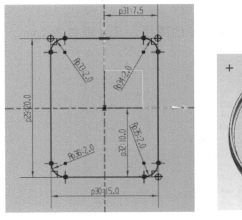
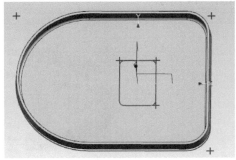

图 3-11　草绘

7）拉伸绘制的草图，设置距离为 3mm（图 3-12），注意拉伸的方向。

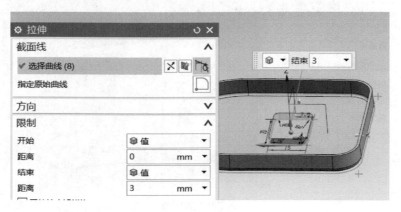

图 3-12 拉伸

8）选择内侧底部进入草图绘制圆，直径为 6mm，约束长度方向为 34mm，高度方向为 15mm，拉伸高度为 3mm，如图 3-13 所示。

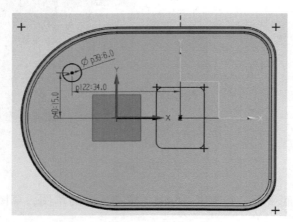

图 3-13 草绘圆

9）以拉伸后圆柱的小圆柱顶部边缘线为拉伸的图线，设置距离为 2mm，单侧偏置 −1mm，如图 3-14 所示。

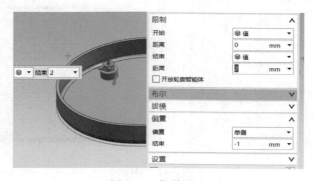

图 3-14 拉伸设置

10）选择小圆柱顶面边线为截面线，设置结束值为 7.9mm，如图 3-15 所示。

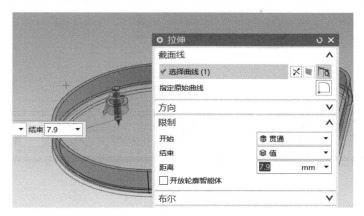

图 3-15　拉伸结束值设置

11）以底面为草绘面作草图，绘制圆，拉伸结果如图 3-16 所示。

12）通过【插入】/【关联复制】/【镜像特征】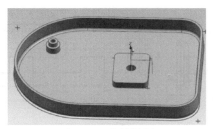来完成圆台的复制，此时要以 XOZ 为镜像平面，结果如图 3-17 所示。

图 3-16　位伸结果

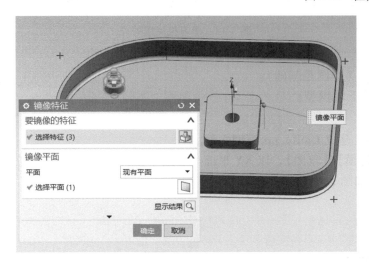

图 3-17　镜像

3.5　案例 2：UG NX 微型学习机风扇外壳建模

1. 案例任务：草图、三维建模设计

要求：完成图 3-18 所示外壳塑件的草图、三维建模设计。

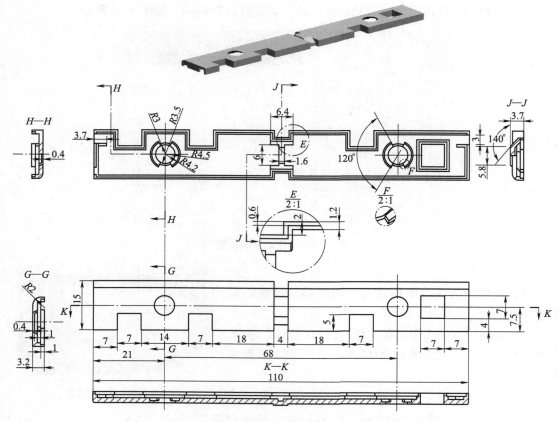

图 3-18　学习机风扇外壳

2. 任务分析

1）草绘设计（草图是基础）。

2）建立实体三维模型。

塑件建模——草绘

3. 步骤

1）进入 UG，建立 GaiKe. prt 模型文件。

2）单击【建模】/【草图】，以 XY 平面为草绘平面，作长 110mm、宽 15mm 且开了四个方形孔的草图，如图 3-19 所示。

图 3-19　草绘

3）单击【完成草图】图标，拉伸生成高 3.2mm 的长方体，并为其中一长棱倒 R2mm 的圆角；依次选择菜单命令【插入】/【来自曲线集的曲线】/【偏置】，以零件边缘（未倒圆角的底平面边）为对象向材料侧分别作偏移 1.2mm 和 0.6mm 的曲线（注意偏置方向箭头，必要时运用【反向】），如图 3-20 所示（若错选曲线，可以按住 Shift 键单击此曲线来取消选择）。

图 3-20　偏置

4）以【已连接曲线】方式先选取最外侧的偏置线和正四边框最内侧的偏置线求差拉伸，拉伸距离为 1mm；然后以同样的方式选取第二个偏置线和正四边框外面的偏置线求差拉伸，拉伸距离为 2mm（注意拉伸方向的选取，灵活运用【反向】按钮），如图 3-21 所示。

图 3-21　拉伸

5）采取【现有平面】方式以一端的内表面为草绘平面，作长 3mm、宽及高过边沿的长方体草图，注意要分别将其相应边与实体棱角边进行共线（或单击在曲线上）约束，如图 3-22 所示。

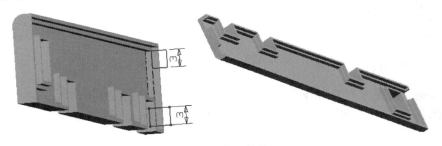

图 3-22　求差拉伸

6）求差拉伸（深度超过壁厚即可）生成止口；同理，生成另一端止口。

7）以【端点捕捉】方式作一条长度适当的线段，然后通过【共线】约束使之与底棱共线；作其他三边并通过 //⊥ 来约束使之成一个长 2.5mm、宽 0.6mm 的矩形（或直接捕捉此端点作矩形，再通过【共线】使之一边与底棱共线，通过尺寸约束完成草绘），如图 3-23 所示。

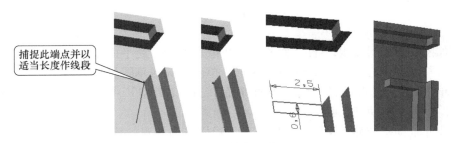

捕捉此端点并以适当长度作线段

图 3-23　草绘矩形

8）在另一端绘同样的矩形，然后将两矩形【求和】拉伸 1mm。

9）以另一面为草绘面作矩形：以【中点】捕捉方式作中心线，作宽 4mm、长 15mm 的矩形，并使矩形下边与塑件下边【共线】约束，如图 3-24 所示。

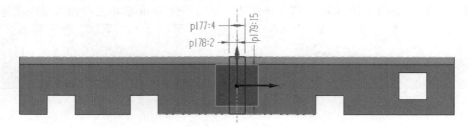

图 3-24　草绘并共线约束

10）对此矩形【求和】拉伸：（观察看是否要"反向"）开始距离-0.5mm，结束距离 3.2mm，生成背面凸缘，如图 3-25 所示；以拉伸凸缘侧面为草绘面作草图，单击【投影】图标将塑件外形轮廓边（缺口除外）投影到此草图，如图 3-26 所示。

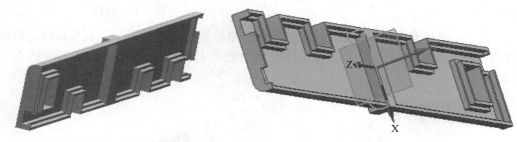

图 3-25　生成背面凸缘　　　　　　　　　图 3-26　投影

11）以端点捕捉方式通过作直线将缺口处补全，使其连成封闭曲线；对此封闭曲线求和拉伸（图 3-27），开始距离为-1.2mm，结束距离为 5.2mm（注意拉伸方向）。

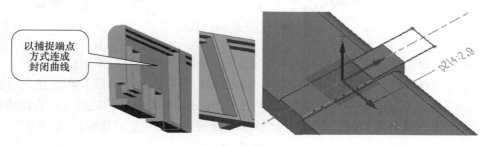

图 3-27　拉伸

12）如图 3-27 所示，以零件背面的拉伸凸缘表面为草绘平面作两边与拉伸体棱边【共线】约束、与塑件中心距离为 2.9mm 的矩形，单击【完成草图】图标。

13）单击【插入】/【基准/点】/【基准平面】，在【类型】中选择 成一角度，按图 3-28 所示设置，作一个辅助基准面。

14）在此辅助基准面上草绘一条以矩形下边端点为始点的线段，并通过 使此线段与矩形下边垂直，单击【完成草图】图标。

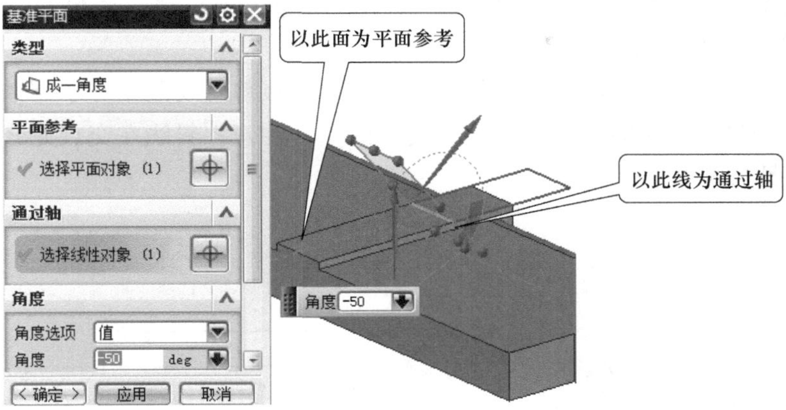

图 3-28　作辅助基准面

15）单击【插入】/【扫掠】/【沿导引线扫掠】，将【曲线规则】改为【相连曲线】，选矩形为截面，斜线段为引导线，进行布尔求差扫掠，如图 3-29 所示。

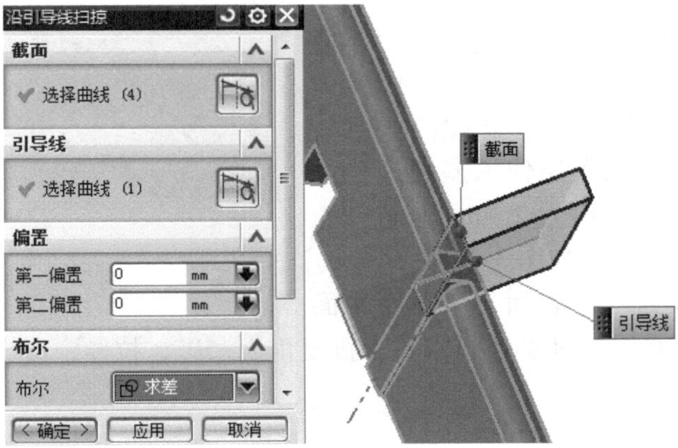

图 3-29　扫掠

同理，完成另一侧斜面成形（或通过单击【插入】/【关联复制】/【镜像特征】来完成，此时要以【二等分】方法来构建镜像平面），结果如图 3-30 所示。

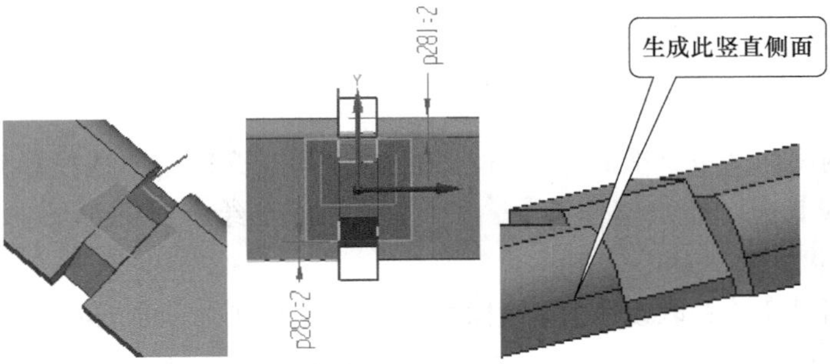

图 3-30　镜像侧面

16）以凸缘上表面为草绘平面作草图（矩形两侧边分与缺口两侧边共线），反向求差拉伸生成竖直侧面。

17）以中间内部横条侧面为草绘平面（图 3-31），以静态线框 显示作如图 3-32 所示的草图，使中间线与底边【共线】约束（注意：斜线在交点处分两次画出来，且与侧面平行）。

塑件建模——
三维建模

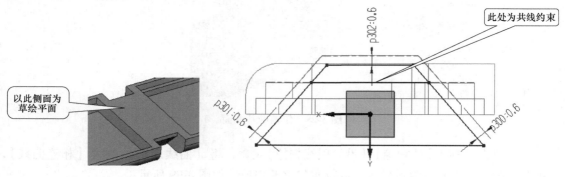

图 3-31 草绘　　　　　　　图 3-32 共线约束

两次拉伸求差（以【单个曲线】方式）：第一次选交点以下区域的梯形曲线，开始距离为 0，结束距离为 6.4mm 以上（注意拉伸方向），生成塑件内部底面；第二次拉伸求差选最外层的整个梯形曲线，开始距离为 2.4mm，结束距离为 4mm，生成内部底槽，如图 3-33 所示。

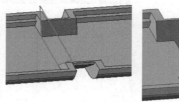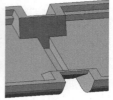

图 3-33 拉伸求差

18）以塑件外表面（上表面）为草绘平面作如图 3-34 所示的草图，对两圆拔模求差，拔模角为−50°，拉伸距离为 0.4mm。

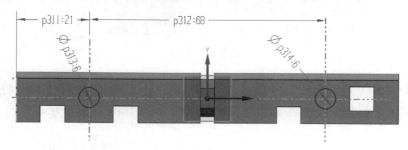

图 3-34 拔模求差

19）以塑件内底面为草绘平面作草图，将上述拔模相交的边曲线投影到草图（图 3-35），并通过【镜像曲线】[图标]、【快速修剪】[图标] 等工具完成草绘；对此草图曲线进行拔模求差，拔模角为 20°，深度为 0.8mm。

20）单击【插入】/【关联复制】/【镜像特征】[图标]，选刚才所成形的风扇位置孔，以【二等分】[图标] 方法构建镜像平面进行镜像，完成塑件的成形，隐藏所有草图、曲线、辅助面（线）后结果如图 3-36 所示。

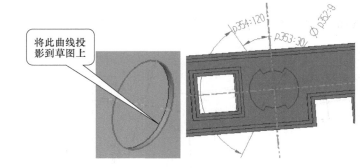

图 3-35　草绘并拔模求差

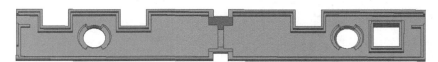

图 3-36　镜像

3.6　项目测试与学习评价

一、学习任务项目测试

测试 1

要求：选择合适的建模方案，完成图 3-37 所示手机外壳零件的建模。

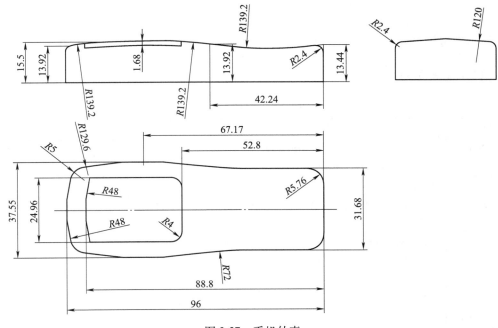

图 3-37　手机外壳

测试 2

要求：选择合适的建模方案，完成图 3-38 所示外壳零件的建模。

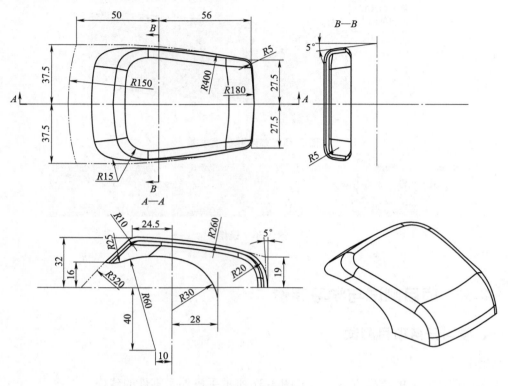

图 3-38　外壳零件

二、学习评价

1. 自评（表 3-4）

表 3-4　学生自评表

班级		组名		日期	年　月　日
评价指标	评价内容			分数	分数评定
信息检索	能有效利用网络、图书资源查找有用的相关信息等；能将查到的信息有效地传递到学习			10	
感知课堂生活	熟悉数字化建模与制造岗位，认同工作价值；在学习中能获得满足感			10	
参与态度	积极主动与教师、同学交流，相互尊重、理解；与教师、同学能够保持多向、丰富、适宜的信息交流			10	
	能处理好合作学习和独立思考的关系，做到有效学习；能提出有意义的问题或能发表个人见解			10	
知识（技能）获得	能正确进行曲线与曲面设计			20	
	能按要求完成塑件建模			20	

（续）

班级		组名		日期	年　月　日
评价指标	评价内容			分数	分数评定
思维态度	能发现问题、提出问题、分析问题、解决问题、创新问题			10	
自评反馈	能按时按质完成任务；较好地掌握了技能点；具有较强的信息分析能力和理解能力；具有较为全面严谨的思维能力并能条理清楚地表达成文			10	
自评分数					
有益的经验和做法					
总结反馈建议					

2. 互评（表 3-5）

表 3-5　互评表

班级		组名		日期	年　月　日
评价指标	评价内容			分数	分数评定
信息检索	能有效利用网络、图书资源、工作手册查找有用的相关信息等；能用自己的语言有条理地去解释、表述所学知识；能将查到的信息有效地传递到工作中			10	
感知工作	熟悉工作岗位，认同工作价值；在工作中能获得满足感			10	
参与态度	积极主动参与工作，吃苦耐劳，崇尚劳动光荣、技能宝贵；与教师、同学相互尊重、理解；与教师、同学能够保持多向、丰富、适宜的信息交流			10	
	能探究式学习、自主学习，处理好合作学习和独立思考的关系，做到有效学习；能提出有意义的问题或能发表个人见解；能按要求正确操作；能倾听别人意见、协作共享			10	
学习方法	学习方法得当，有工作计划；操作技能符合规范要求；能按要求正确操作；能获得进一步学习的能力			10	
工作过程	遵守管理规程，操作过程符合现场管理要求；平时上课的出勤情况和每天完成工作任务情况；善于多角度分析问题，能主动发现、提出有价值的问题			10	
思维态度	能发现问题、提出问题、分析问题、解决问题、创新问题			10	
知识与技能的把握	按时按质完成工作任务；较好地掌握了以下专业技能点：曲线建模；UG NX 曲面、指令的应用；UG NX 钣金界面；UG NX 钣金指令的运用；外壳塑件的 UG NX 草绘与建模			30	

47

（续）

班级		组名		日期	年　月　日
评价指标		评价内容		分数	分数评定
		互评分数			
有益的经验和做法					
总结反馈建议					

3. 师评（表 3-6）

表 3-6　教师评价表

班级			组名			姓名	
出勤情况							
序号	评价内容	评价要点	考查要点	分数	分数评定标准		得分
一	问题回答与讨论	引导问题内容细节	发帖与跟帖	8	发帖与表达准确度		
			讨论问题		参与度、思路或层次清晰度		
二	学习任务实施	依据任务内容确定学习计划	分析建模步骤关键点准确	8	思路或层次不清扣 1 分		
			涉及知识、技能点准确且完整		不完整扣 1 分，分工不准确扣 1 分		
		建模过程	UG NX 草绘设计；UG NX 曲线与曲面工具	65	过约束、欠约束分别扣 5 分；曲面不美观扣 5 分		
			UG NX 片体造型指令的运用；壳座塑件的草绘与三维造型；外壳塑件的草绘与三维造型		不能正确完成一个步骤扣 5 分		
三	总结	任务总结	依据自评分数	4			
			依据互评分数	5			
			依据个人总结评价报告	10	依据总结内容是否到位给分		
		合计		100			

3.7　第二课堂：拓展学习

1）依托企业生产实训基地，了解外壳塑件相关知识及设计技能，对接企业生产。

2）工程实战任务：依托创新创业孵化室进行个性化产品（自选）外观造型草绘设计、三维建模。

3）课后观看中央电视台播放的《大国工匠》《国之重器》《澎湃动力》等相关宣传片，增长学识，增强民族自豪感。

学习任务 ④

UG NX标准件CAD

 ## 4.1 导学：学习任务布置与项目分析

一、任务描述

1. 任务书

客户：宜宾某模具公司。

产品：某电子产品外壳注塑模标准件，如定位圈（图4-1）等。

背景：宜宾某模具公司基于客户要求，需进行某电子产品外壳注塑模标准件的三维建模造型设计。

技术要求：大批量生产。

2. 任务内容

在通盘了解标准件基本知识

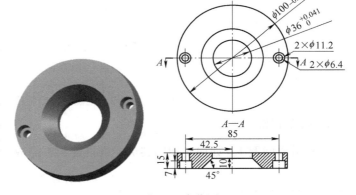

图4-1　定位圈

和特性要求，并了解 UG NX 实体建模操作的基础上，运用草绘功能进行标准件的造型建模设计，来进一步理解 UG NX 的各主要功能模块，掌握 UG NX 草绘设计及 UG NX 建模操作的基本方法，学会旋转体类零件的建模设计方法。

3. 学习目标

1）使学生掌握实体建模的基本方法，进一步掌握实体创建的基本技能。

2）能说出标准件建模的基本思路。

3）通过学习，能说出模具标准件的分类。

4）进一步学会运用拉伸、旋转、倒角、螺纹、镜像、布尔运算等工具进行数字化建模，完成注塑模标准件的建模设计。

5）培养学生科学的思维方法和标准化理念与意识。

二、问题引导与分析

1. 工作准备

1）阅读学习任务书，完成分组及组员间分工。

2）学习实体建模操作。

3）完成注塑模标准件的三维建模操作任务。

4）展示作品，学习评价。

2. 任务项目分析与解构

定位圈建模思路如图 4-2 所示。

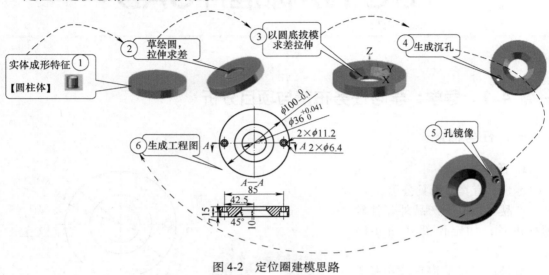

图 4-2　定位圈建模思路

3. 获取资讯

❓ **引导问题 1**：如何实现回转类标准件建模？完成表 4-1 的内容。

表 4-1　标准件建模操作

标准件	截取示意图	主要操作要点
定位圈		
导套		

❓ **引导问题 2**：回转类零件建模操作的主要特点是什么？

_____

_____

❓ **引导问题 3**：常见的模具标准件产品有哪些？它们各有何作用？这些标准件有什么样的要求？

_____

_____

引导问题 4：导柱与导套的导向功能有何重要作用？

_____

_____

_____

4. 工作计划

按照收集的资讯和决策过程，根据软件建模处理步骤、操作方法、注意事项，完成表 4-2 的内容。

表 4-2　注射模标准件三维建模工作方案

步骤	工作内容	负责人
1		
2		
3		

 4.2　知识扩充：标准件

1. 标准件定义

标准件是指结构、尺寸、画法、标记等各个方面已完全标准化，并由专业厂家生产的常用的零（部）件，如螺纹连接件、键、销、滚动轴承等，以及标准化程度高、行业通用性强的机械零部件和元件，也被称为通用件。广义的标准件包括紧固件、连接件、传动件、密封件、液压元件、气动元件、轴承、弹簧等机械零件。狭义的标准件仅包括紧固件。国内俗称的标准件是"标准紧固件"的简称，是狭义概念，但不能排除广义概念的存在。此外还有行业标准件，如汽车标准件、模具标准件等，也属于广义标准件。

2. 标准件相关标准

（1）产品尺寸方面的标准　规定产品基本尺寸方面的内容；对于带螺纹的产品，还规定了螺纹的基本尺寸、螺纹收尾、肩距、退刀槽和倒角、外螺纹零件的末端尺寸等内容。

（2）产品技术条件方面的标准　包括以下几个方面的标准：

1）产品公差方面的标准。规定产品的尺寸公差和几何公差等内容。

2）产品力学性能方面的标准。规定产品力学性能等级的标记方法，以及力学性能项目和要求方面的内容；有的产品标准则将此项内容改为产品材料性能或工作性能方面的内容。

3）产品表面缺陷方面的标准。规定产品表面缺陷种类和具体要求等内容。

4）产品表面处理方面的标准。规定产品表面处理种类和具体要求等内容。

5）产品试验方面的标准。规定上述各种性能要求试验方面的内容。

3. 标准件分类

常见的标准件包括以下零件：

1）螺栓。由头部和螺杆（带有外螺纹的圆柱体）两部分组成的一类紧固件，需与螺母配合，用于紧固连接两个带有通孔的零件。这种连接形式称为螺栓连接。如把螺母从螺栓上拧下，可以使这两个零件分开，故螺栓连接属于可拆卸连接。

2）螺柱。没有头部、仅两端有外螺纹的一类紧固件。连接时，它的一端必须旋入带有螺孔的零件中，另一端穿过带有通孔的零件中，然后旋上螺母，使这两个零件紧固连接成一个整体。这种连接形式称为螺柱连接，它也属于可拆卸连接，主要用于被连接零件之一厚度较大、要求结构紧凑，或因拆卸频繁，不宜采用螺栓连接的场合。

3）螺钉。也是由头部和螺杆两部分构成的一类紧固件，按用途可以分为三类：机器螺钉、紧定螺钉和特殊用途螺钉。机器螺钉主要用于将一个带螺孔的零件与一个带通孔的零件进行紧固连接，不需要螺母配合；也可以与螺母配合，用于两个带有通孔的零件之间的紧固连接。紧定螺钉主要用于固定两个零件之间的相对位置。特殊用途螺钉如吊环螺钉等可供吊装零件用。

4）螺母。带有螺孔，形状一般呈现为扁六角柱形，也有的呈扁方柱形或扁圆柱形，配合螺栓、螺柱或机器螺钉，用于紧固连接两个零件，使之成为一个整体。

5）自攻螺钉。与机器螺钉相似，但螺杆上的螺纹为专用的自攻螺钉用螺纹。用于紧固连接两个薄的金属构件，使之成为一个整体 ，构件上需要事先制出小孔。这种螺钉具有较高的硬度，可以直接旋入构件的孔中，使构件中形成相应的内螺纹。这种连接形式属于可拆卸连接。

6）木螺钉。与机器螺钉相似，但螺杆上的螺纹为专用的木螺钉用螺纹，可以直接旋入木质构件（或零件）中，用于把一个带通孔的金属（或非金属）零件与一个木质构件紧固连接在一起。这种连接属于可以拆卸连接。

7）垫圈。形状呈扁圆环形的一类紧固件，置于螺栓、螺钉或螺母的支承面与连接零件表面之间，起着增大被连接零件接触表面面积、降低单位面积压力和保护被连接零件表面不被损坏的作用；另一类弹性垫圈，还能起阻止螺母松动的作用。

8）挡圈。装在机器、设备的轴槽或孔槽中，起着阻止轴上或孔上的零件左右移动的作用。

9）销。主要供零件定位用，有的也可供零件连接、固定零件、传递动力或锁定其他紧固件之用。

10）铆钉。由头部和钉杆两部分构成的一类紧固件，用于紧固连接两个带通孔的零件（或构件），使之成为一个整体。这种连接形式称为铆钉连接，简称铆接，属于不可拆卸连接，因为要使连接在一起的两个零件分开，必须破坏零件上的铆钉。

11）组合件和连接副。组合件是指组合供应的一类紧固件，如将某种机器螺钉（或螺栓、自攻螺钉）与平垫圈（或弹簧垫圈、锁紧垫圈）组合供应；连接副是指将某种专用螺栓、螺母和垫圈组合供应的一类紧固件，如钢结构用高强度大六角头螺栓连接副。

12）焊钉。由螺柱和钉头（或无钉头）构成的一类紧固件，用焊接方法将其固定连接在一个零件（或构件）上面，以便再与其他零件进行连接。

4.3 案例：UG NX 定位圈建模

1. 案例任务：定位圈建模设计

要求：完成定位圈的草图、三维建模设计。

2. 任务分析

定位圈建模

该零件为圆盘形，上有圆孔、圆锥孔及台阶孔，可通过成形特征【圆柱】生成基体，然后在其表面作草图，通过求差拉伸与拔模求差拉伸生成圆孔与圆锥孔，台阶孔可直接利用【孔】工具来成形。

3. 步骤

1）进入 UG，建立文件名为 DingWeiQuan、单位为 mm 的模型文件。

2）设置背景：按 Ctrl+M 组合键进入建模环境，选择【背景】，勾选【纯色】，将【普通颜色】设置为白色，单击【确定】按钮。

3）单击【设计特征】/【圆柱体】 █ ，选类型为 █ 轴、直径和高度，【指定矢量】为 Z 轴，【指定点】的点类型为【自动判断的点】，点位置的输出坐标为原点坐标，单击【确定】按钮；输入直径 100mm、高度 15mm，单击【确定】按钮，生成圆柱，如图 4-3 所示。

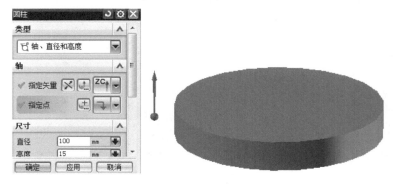

图 4-3　生成圆柱

4）如图 4-4 所示，在 XY 平面上作草图，以圆柱体下底面中心为圆心（利用 ⊙ 捕捉工具）绘一个直径为 36mm 的圆，以此圆为截面进行拉伸与圆柱体求差，距离为 5mm。

5）以拉伸底面圆弧边沿为截面曲线进行拔模求差拉伸（图 4-5），单击【确定】按钮。

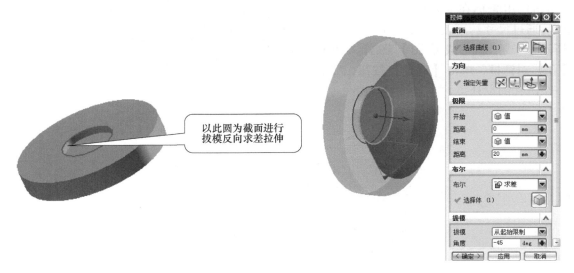

图 4-4　选拉伸曲线　　　　　　　　图 4-5　拔模求差拉伸

提示：也可用内孔上边沿为对象进行拔模求差拉伸，起始值为 5mm，结束值为

15mm（可通过【反向】来预览效果，选合适的操作），拔模角为45°（可尝试−45°）。

6）生成沉孔：单击【插入】/【设计特征】/【孔】🔲，如图4-6所示。

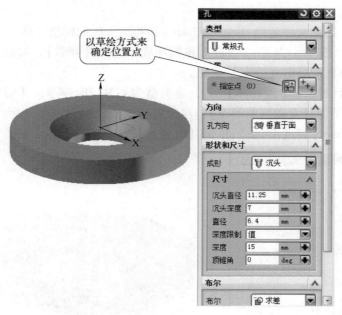

图 4-6　孔定位

7）在【孔】对话框中的【指定点】栏单击🔳图标，以实物的上表面为草绘平面，单击【确定】按钮，弹出【草图点】对话框，如图4-7所示。

8）用光标在大概位置指定一个点，然后通过尺寸约束使此点定位，如图4-8所示；单击【完成草图】图标，回到【孔】对话框，单击【确定】按钮，完成一个沉孔的设计。

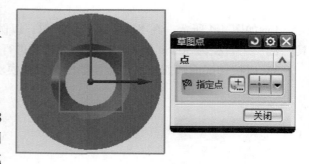

图 4-7　草图点方式

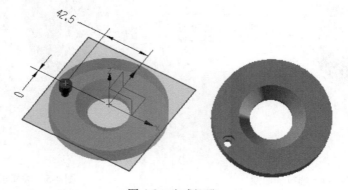

图 4-8　生成沉孔

9）单击【插入】/【关联复制】/【镜像特征】，弹出【镜像特征】对话框，选择沉孔特征为镜像特征，以 YZ 面为镜像面进行镜像，单击【确定】按钮，完成沉孔的镜像操作。

4.4　自主案例：UG NX 弹簧、导套、螺母建模

一、案例任务 1：弹簧建模设计

要求：以表 4-3 列出的三种不同方式完成弹簧建模设计。

表 4-3　三种方式创建弹簧

方　式	图　例
方式一：利用螺旋线进行弹簧建模 说明螺旋线、基准面、沿引导线扫掠等操作方法	
方式二：利用弹簧工具进行弹簧建模 说明【弹簧】工具条的使用方法	弹簧...
方式三：异形弹簧建模 说明表达式、规律曲线的操作方法	

1. 利用螺旋线进行弹簧建模

1）进入 UG NX，建立文件名为 TanHuang1、单位为 mm 的模型文件。

2）设置背景：按 Ctrl+M 组合键进入建模环境，选择【背景】，勾选【纯色】，将【普通颜色】设置为白色，单击【确定】按钮。

3）单击【曲线】/【螺旋线】（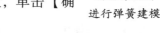），输入图 4-9 所示参数，单击【确定】按钮。

利用螺旋线
进行弹簧建模

4）单击【插入】/【基准/点】/【基准平面】，如图 4-10 所示，单击【确定】按钮。

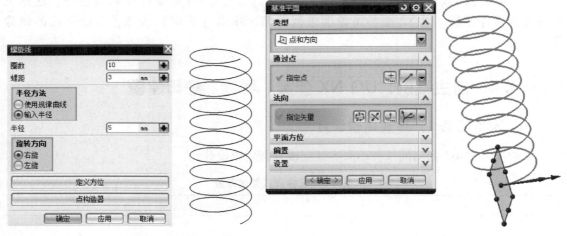

图 4-9　螺旋线参数　　　　　　　　　　图 4-10　创建基准平面

5）单击 ⊠ 图标，以【现有平面】的方法来创建草图（选刚才所作基准面）；单击【确定】按钮，在草图上以螺旋线为圆心（运用捕捉工具 ⊙）作一个 $R1.25mm$ 的圆，单击【完成草图】，如图 4-11 所示。

6）单击【插入】/【扫掠】/【沿引导线扫掠】，选草图圆曲线为截面曲线，螺旋线为引导线，其余为系统默认参数，单击【确定】按钮，如图 4-12 所示。

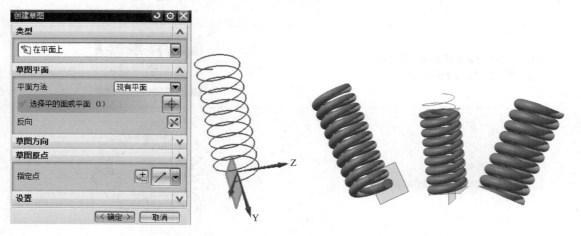

图 4-11　草绘平面　　　　　　　　　　　图 4-12　扫掠生成弹簧

7）生成辅助基准面：单击【插入】/【基准/点】/【基准平面】，在【类型】中选 X-Y 平面，单击【应用】按钮；接着在【类型】中选，将刚才生成的基准平面偏置 25mm 生成另一个辅助基准面。

8）单击，以基准面为【工具】对弹簧进行修剪（注意观察，灵活运用【反向】功能键）。

2. 利用弹簧工具进行弹簧建模

1）进入 UG，建立文件名为 TanHuang2、单位为 mm 的模型文件。

2）设置背景：按 Ctrl+M 组合键进入建模环境，选择【背景】，勾选【纯色】，将【普通颜色】设置为白色，单击【确定】按钮。

3）按 Ctrl+1 调出【定制】菜单，勾选【弹簧工具-GC 工具箱】，如图 4-13a 所示，则弹出【弹簧】工具条，如图 4-13b 所示。

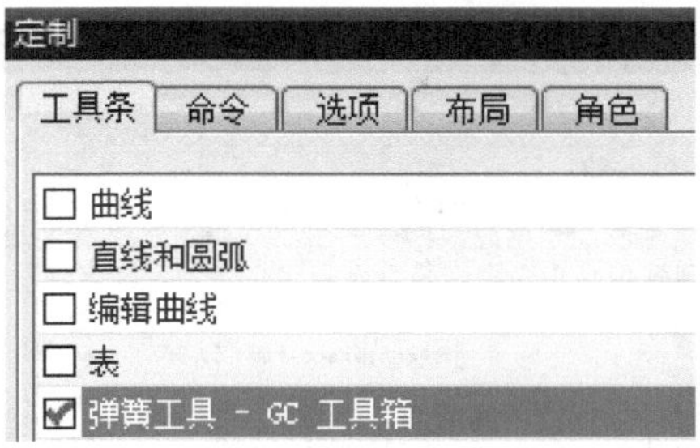

a) 勾选【弹簧工具-GC工具箱】

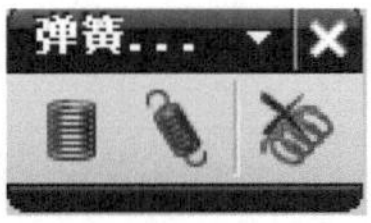

b) 【弹簧】工具条

图 4-13　定制弹簧工具

4）单击图标，弹出【圆柱压缩弹簧】对话框，进行如图 4-14 所示设置。

5）单击【完成】按钮，生成弹簧，如图 4-15 所示。

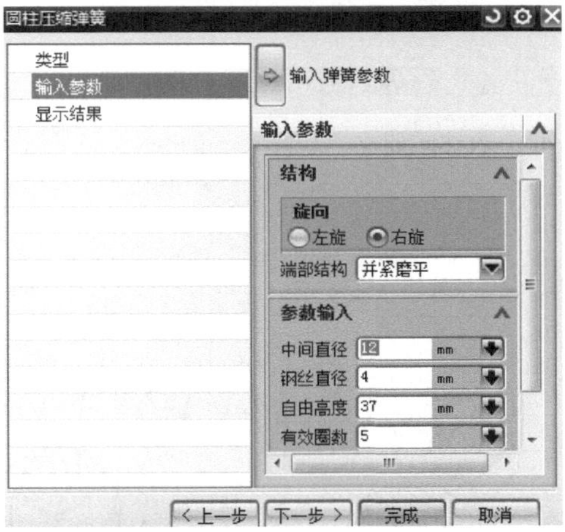

图 4-14　参数设置对话框

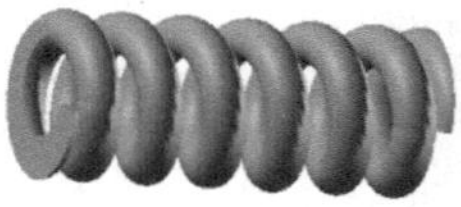

图 4-15　生成弹簧

3. 异形弹簧建模（图 4-16）

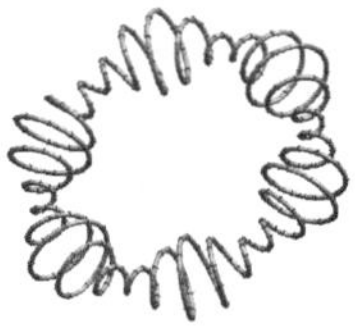

图 4-16　异形弹簧

异形弹簧

1）进入 UG，建立文件名为 TanHuang3、单位为 mm 的模型文件。

2）设置背景：按 Ctrl+M 组合键进入建模环境，选择【背景】，勾选【纯色】，将【普通颜色】设置为白色，单击【确定】按钮。

3）单击主菜单栏中的【工具】，在弹出的下拉菜单中选择【表达式】。

4）分别建立参数 t、b、n、r、xt、yt、zt（图 4-17），单击【确定】按钮。

5）设置 xt 参数：单击【插入】/【曲线】/【规律曲线】（规律曲线），采用默认设置，单击【确定】按钮，生成规律曲线，如图 4-18 所示。

图 4-17 表达式建立

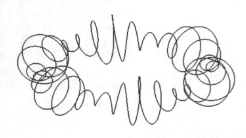

图 4-18 生成规律曲线

6）单击【扫掠】/【管道】（），以刚才所做的规律曲线为路径，输入图 4-19 所示参数，单击【确定】按钮；最后以【着色】方式对异形弹簧进行显示。

图 4-19 创建好异形弹簧

二、案例任务 2：导套建模设计

要求：完成如图 4-20 所示的导套建模设计。

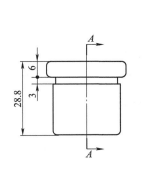

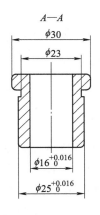

图 4-20　导套

主要建模步骤见表 4-4。

表 4-4　导套建模步骤

步　　骤	图　　例
步骤 1：利用 Y-Z 基准面草绘 说明基准面、草图绘制等操作方法	
步骤 2：回转生成基体 说明"回转""边倒圆"使用方法	
步骤 3：生成内孔 说明生成孔的操作方法	

1）进入 UG NX，建立文件名为 DaoTao、单位为 mm 的模型文件。

2）设置背景：按 Ctrl+M 组合键进入建模环境，选择【背景】，勾选【纯色】，将【普通颜色】设置为白色，单击【确定】按钮。

3）在工具栏中单击 图标，以【创建平面】方法创建 Y-Z 基准平面作为草绘面，如图 4-21 所示。

4）单击【确定】按钮，在草图上以 作两直线，单击 ，分别选择直线与 X、Y 轴，

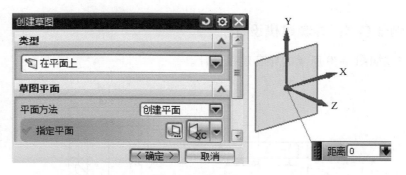

图 4-21　草绘平面

并通过 ＼ 使此两直线分别与 X、Y 轴共线；单击 ，选中此两直线，使其转化为参考线；以 作出轮廓线并通过【快速修剪】 和【快速延伸】 作出旋转截面曲线形状，如图 4-22 所示。

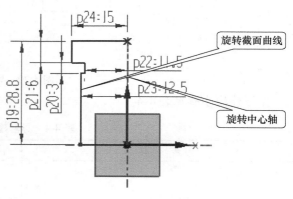

图 4-22　创建草图

5）单击 ，分别选旋转截面曲线最下面的直线段与 X 轴，并通过 ＼ 使它们共线，利用尺寸标注工具标好尺寸（图 4-23），单击【完成草图】。

6）单击 图标，弹出【回转】对话框，如图 4-23 所示。

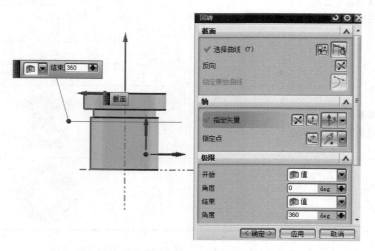

图 4-23　回转

7）通过下拉菜单，将【曲线规则】栏的内容更改为【相连曲线】。在绘图区选旋转截面曲线，通过下拉菜单在对话框的【指定矢量】栏后选择 ，在绘图区选取 Y 轴为回转中心轴，单击【确定】按钮，完成旋转体的成形。

8）单击【细节特征】/【边倒圆】 ，分别对边倒半径为 1mm 的圆。

9）以圆柱体的下表面为草绘平面，以表面圆弧中心为圆心（通过⊙捕捉工具），作
$\phi16$mm 的圆，如图 4-24 所示。

10）在工具栏中单击🞈图标，选择此 $\phi16$mm 的圆为拉伸截面曲线，按图 4-25 所示进
行设置，做"求差拉伸"成形（注意运用✕来调整方向）。

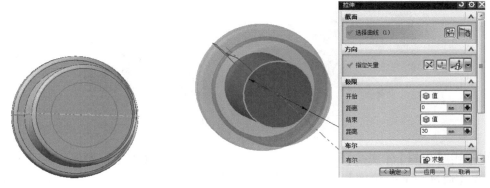

图 4-24　草绘圆　　　　　　　　　　　　图 4-25　求差拉伸

11）单击【确定】按钮，完成内孔的成形，如图 4-26 所示。

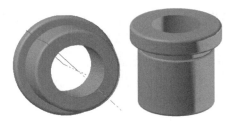

图 4-26　完成导套建模

螺母建模

三、案例任务 3：螺母建模设计

要求：完成螺母（图 4-27）的建模设计。

步骤：

1）进入 UG，建立文件名为 LuoMu、单位为 mm 的模型文件。

2）设置背景：按 Ctrl+M 组合键进入建模环境，选择【背景】，勾选
【纯色】，将【普通颜色】设置为白色，单击【确定】按钮。

3）单击【曲线】/【多边形】◉，边数为 6，选【内切圆半径】构建
六边形，设半径为 8mm、方位角为 0°，单击【确定】按钮，基点为
原点。

图 4-27　螺母

4）单击🞈，选刚才绘制的六边形，拉伸方向为 Z 轴正向，起始值为 0、结束值
为 8.4mm。

5）单击【插入】/【曲线】/【基本曲线】◉命令，【点方法】选点构造器，输出坐标
为（0，0，0），单击【确定】按钮，单击【后视图】，选六边形底边，生成其内切圆，如图

4-28 所示。

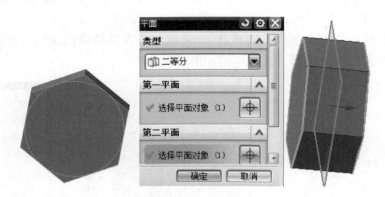

图 4-28　生成内切圆

6）单击【编辑】/【变换】 ，选刚才绘制的圆弧后单击【确定】按钮，在【变换】对话框中选【通过一平面镜像】，类型选【二等分】，分别选上、下底面，单击【确定】按钮，在随后弹出的【变换】对话框中单击【复制】，则上、下底面均有了相应的圆。

7）单击 ，选刚才绘制的圆弧，输入图 4-29 所示参数进行求交，生成倒角。

8）同理，生成另一面倒角（灵活运用反向工具 ），隐藏所有草图与曲线，如图 4-30 所示。

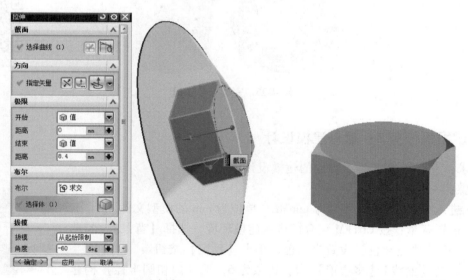

图 4-29　生成倒角　　　　　　　　　　　图 4-30　生成另一面倒角

9）单击【插入】/【设计特征】/【孔】 ，选类型为【简单】，设置直径为 8.5mm、深度为 8.4mm、顶锥角为 0°，选上表面为放置面，单击【确定】按钮，以【点到点】方式选上表面圆棱边曲线，单击【圆弧中心】，单击【确定】按钮，如图 4-31 所示。

10）【指定点】选择上表面圆中心来确定孔的放置位置，单击【确定】按钮，生成内孔如图 4-32a 所示。

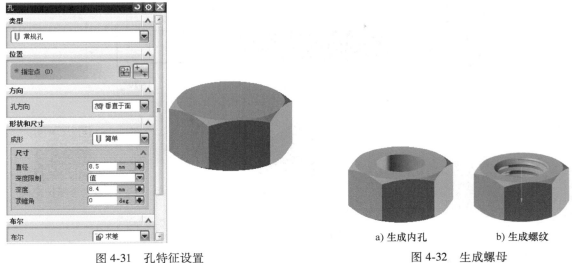

图 4-31　孔特征设置

a) 生成内孔　　　b) 生成螺纹

图 4-32　生成螺母

11）单击 [倒斜角]，以对称偏置距离 1mm 对孔的上、下两个边沿进行倒角。

12）单击【插入】/【设计特征】/【螺纹】，选用详细螺纹，选孔内表面为放置面，其他参数默认，单击【确定】按钮生成螺母，如图 4-32b 所示。

4.5　项目测试与学习评价

一、学习任务项目测试

测试 1

要求：完成导柱（图 4-33）的建模。

测试 2

要求：选择合适的建模方案，完成水嘴（图 4-34）的建模。

图 4-33　导柱　　　　　　　　　　　图 4-34　水嘴

测试 3

要求：选择合适的建模方案，完成内六角螺栓（图 4-35）的建模。

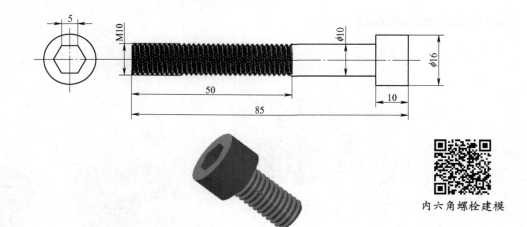

内六角螺栓建模

图 4-35　内六角螺栓

二、学习评价

1. 自评（表 4-5）

表 4-5　学生自评表

班级		组名		日期	年　月　日
评价指标	评价内容			分数	分数评定
信息检索	能有效利用网络、图书资源查找有用的相关信息等；能将查到的信息有效地传递到学习中			10	
感知课堂生活	熟悉数字化建模与制造岗位，认同工作价值；在学习中能获得满足感			10	
参与态度	积极主动与教师、同学交流，相互尊重、理解；与教师、同学能够保持多向、丰富、适宜的信息交流			10	
	能处理好合作学习和独立思考的关系，做到有效学习；能提出有意义的问题或能发表个人见解			10	
知识（技能）获得	能正确进行实体建模与特征建模设计			20	
	能按要求完成旋转体类零件建模			20	
思维态度	能发现问题、提出问题、分析问题、解决问题、创新问题			10	
自评反馈	能按时按质完成任务；较好地掌握了技能点；具有较强的信息分析能力和理解能力；具有较为全面严谨的思维能力并能条理清楚地表达成文			10	
自评分数					
有益的经验和做法					
总结反馈建议					

2. 互评（表 4-6）

表 4-6　互评表

班级		组名		日期	年　月　日
评价指标	评价内容			分数	分数评定
信息检索	能有效利用网络、图书资源、工作手册查找有用的相关信息等；能用自己的语言有条理地去解释、表述所学知识；能将查到的信息有效地传递到工作中			10	
感知工作	熟悉工作岗位，认同工作价值；在工作中能获得满足感			10	
参与态度	积极主动参与工作，吃苦耐劳，崇尚劳动光荣、技能宝贵；与教师、同学相互尊重、理解；与教师、同学能够保持多向、丰富、适宜的信息交流			10	
	能探究式学习、自主学习，处理好合作学习和独立思考的关系，做到有效学习；能提出有意义的问题或能发表个人见解；能按要求正确操作；能倾听别人意见、协作共享			10	
学习方法	学习方法得当，有工作计划；操作技能符合规范要求；能按要求正确操作；能获得进一步学习的能力			10	
工作过程	遵守管理规程，操作过程符合现场管理要求；平时上课的出勤情况和每天完成工作任务情况；善于多角度分析问题，能主动发现、提出有价值的问题			10	
思维态度	能发现问题、提出问题、分析问题、解决问题、创新问题			10	
知识与技能的把握	按时按质完成工作任务；较好地掌握了以下专业技能点：实体建模与特征建模；UG NX 指令的运用；回转体类零件的 UG NX 草绘与建模			30	
互评分数					
有益的经验和做法					
总结反馈建议					

3. 师评（表 4-7）

表 4-7　教师评价表

班级		组名			姓名	
出勤情况						
序号	评价内容	评价要点	考查要点	分数	分数评定标准	得分
一	问题回答与讨论	引导问题内容细节	发帖与跟帖	8	发帖与表达准确度	
			讨论问题		参与度、思路或层次清晰度	

（续）

班级			组名			姓名	
出勤情况							
序号	评价内容	评价要点	考查要点	分数	分数评定标准		得分
二	学习任务实施	依据任务内容确定学习计划	分析建模步骤关键点准确	8	思路或层次不清扣 1 分		
			涉及知识、技能点准确且完整		不完整扣 1 分，分工不准确扣 1 分		
		建模过程	UG NX 草绘设计；UG NX 实体建模与特征建模工具	65	草图过约束、欠约束分别扣 5 分；实体模型不当每次扣 10 分		
			UG NX 实体造型与特征操作指令的运用；回转体类零件的 UG NX 草绘与三维造型；UG NX 细节特征		不能正确完成一个步骤扣 5 分		
三	总结	任务总结	依据自评分数	4			
			依据互评分数	5			
			依据个人总结评价报告	10	依据总结内容是否到位给分		
		合计		100			

 ## 4.6　第二课堂：拓展学习

1）依托"3D 动力社"学生专业社团，开展"标准化"系列专题宣传及讨论。

2）工程实战任务：完成如图 4-36 所示浇口套三维建模。

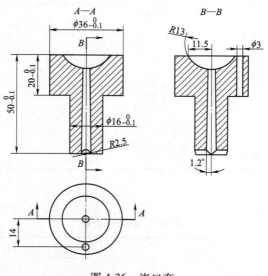

图 4-36　浇口套

浇口套建模

3）课后观看中央电视台播放的《大国工匠》《国之重器》《澎湃动力》等相关宣传片，增长学识，增强民族自豪感。

学习任务 5

UG NX 模板CAD

5.1 导学：学习任务布置与项目分析

一、任务描述

1. 任务书

客户：宜宾某模具公司。

产品：某电子产品外壳注射模板类零件（座板、固定板等）。

背景：宜宾某模具公司基于客户要求，需进行某电子产品外壳注射模定模座板（图 5-1）、定模板、动模座板、动模板、固定板等板类零件的三维建模造型设计。

技术要求：大批量生产。

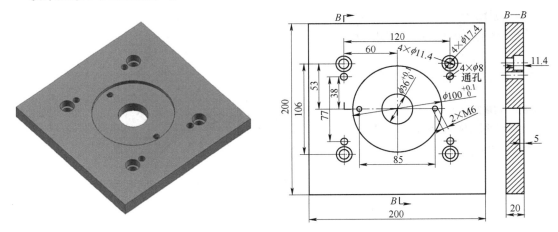

图 5-1　定模座板

2. 任务内容

在通盘了解注射模结构基本知识和模板类零件特性要求，并熟悉 UG NX 实体建模操作的基础上，通过草绘、实体建模进行板类零件的造型建模设计，来理解 UG NX 的各主要功能模块，并进一步掌握 UG NX 草绘设计及 UG NX 建模操作的基本方法，学会孔系板类零件建模设计方法。

3. 学习目标

1）使学生了解板类零件建模基础知识与基本操作。

2）能说出板类零件建模的基本思路。

3）通过学习，进一步了解特征建模操作；进一步学会实体建模、特征建模的操作方法。

4）学会定模座板、定模板、推板、固定板、动模板、动模座板等 CAD 操作方法。

5）培养学生的系统化理念与意识。

6）培养学生精益求精、一丝不苟的工匠精神。

二、问题引导与分析

1. 工作准备

1）阅读学习任务书，完成分组及组员间分工。

2）学习特征建模、实体建模操作。

3）完成注射模模板零件的三维建模操作任务。

4）展示作品，学习评价。

2. 任务项目分析与解构

板类零件（定模座板）建模步骤见表 5-1。

表 5-1　定模座板建模步骤

步　骤	图　例
步骤 1：创建块体 说明背景设置、设计特征指令等操作方法	
步骤 2：创建孔 说明草图绘制、拉伸、求差布尔运算、孔特征等的使用方法	
步骤 3：创建沉孔、螺纹并进行阵列 说明沉孔、螺纹等的创建方法和阵列特征的操作方法	

3. 获取资讯

❓ **引导问题 1：** 如何实现模板类零件的建模？完成表 5-2 的内容。

表 5-2　模板类零件建模操作

零件	截取示意图	主要操作要点
定模座板		
固定板		

 引导问题 2：孔系特征操作的主要特点是什么？

 引导问题 3：常见的模具模板零件有哪些？它们各有何作用？有什么样的要求？

 引导问题 4：模板零件如何进行三维建模？截图说明操作方法。

4. 工作计划

按照收集的资讯和决策过程，根据软件建模处理步骤、操作方法、注意事项，完成表 5-3 的内容。

表 5-3　模板零件三维建模工作方案

步骤	工作内容	负责人
1		
2		
3		

5.2　注射模结构与模板零件基本认知

一、注射模具的组成

注塑设备如图 5-2 所示，由动模（安装在注塑机的动模板上）与定模（安装在注塑机的定模板上）两大部分组成。

注射前动、定模在注塑机驱动下闭合，形成型腔和浇注系统，注塑机将已塑化

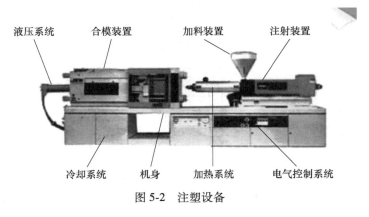

图 5-2　注塑设备

的塑料熔体通过浇注系统注入型腔，经冷却凝固后，动定模打开，脱模机构推出塑件。

二、注射成型的原理

图 5-3 所示为柱塞式注塑机注射成型的原理。

三、注射模结构

图 5-4 所示为注射模结构。

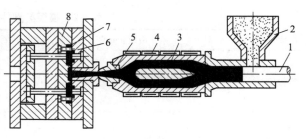

图 5-3　注射成型原理
1—柱塞　2—料斗　3—分流梭　4—加热器
5—喷嘴　6—定模板　7—塑件　8—动模板

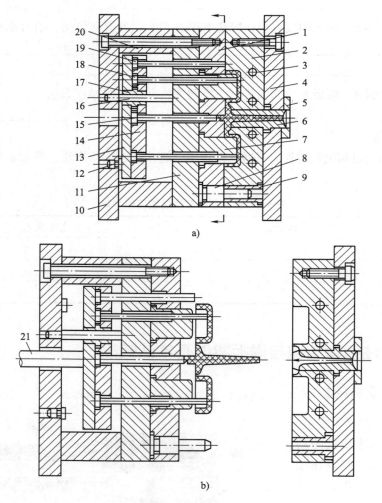

a)

b)

图 5-4　注射模结构
1—动模板　2—定模板　3—冷却水道　4—定模座板　5—定位圈　6—浇口套　7—凸模
8—导柱　9—导套　10—动模座板　11—支承板　12—支承柱　13—推板　14—推杆固定板
15—拉料杆　16—推板导柱　17—推板导套　18—推杆　19—复位杆　20—垫块　21—顶杆

70

5.3　实体建模

一、UG NX 实体建模

UG NX 建模功能可帮助设计工程师快速进行概念设计和详细设计。它基于实体建模的特征和约束，让用户可以以交互模式生成和编辑复杂的实体模型。设计时可以生成和编辑更逼真的模型，而花费的力气要比使用传统的基于线框和实体的系统少得多。

1. 实体建模的优点

建模提高了用户的表达层次，这样就可以用工程特征，而不是用低层次的 CAD 几何体来定义设计。特征是以参数形式定义的，以便基于大小和位置进行尺寸驱动的编辑。

2. 特征

1）具有强大的面向工程的内置成形特征（槽、孔、凸台、圆台、腔体等）功能，可捕捉设计意图并提高效率。

2）特征引用的图案（如矩形和圆周）可进行阵列操作，并同时具有单个特征位移操作功能，图案中的所有特征都与主特征关联。

3. 圆角和倒角

1）通过固定半径和可变半径进行倒圆，可以与周围的面重叠并延伸到一个半径。

2）可以对任何边进行倒角。

3）峭壁边圆角。此功能针对那些不能容纳完整的圆角半径但仍需要进行圆角设计的结构。

4. 高级建模操作

1）可以扫掠、拉伸或旋转轮廓来形成实体。

2）利用抽壳命令可以在几秒钟内将实体转变成薄壁设计；如果需要，内壁拓扑可以与外壁拓扑不同。

3）接近完成的模制型件的拔模。

4）用户定义的常用设计元素的特征（需要用"UG/用户定义的特征"来提前定义它们）。

二、UG NX 建模标准做法

1. 从草图开始

可以使用草图功能徒手画出曲线"轮廓"的草图并标注尺寸，然后就可以扫掠此草图（拉伸或旋转）以生成一个实体或片体。此后可以通过编辑尺寸和生成几何对象间的关系完善草图以便精确地表示设计对象。编辑草图的尺寸不仅要修改草图的几何图形，还要修改从草图生成的实体。

2. 生成和编辑特征

特征建模可以在一个模型上生成特征，例如孔、槽和沟槽。然后可以直接编辑特征的尺寸并通过尺寸来定位特征。例如，通过定义直径和长度定义一个孔。可以通过输入新值来直接编辑所有这些参数。

可以生成任何设计的实体，稍后这些实体可以定义为使用"用户定义的特征"的成形特征。此功能可以生成定制的成形特征库。

3. 关联性

关联性这一术语用来描述模型各部分之间的关系。这些关系是在设计者用不同的功能生成模型时建立的。约束和关系是在模型创建过程中自动捕捉到的。

例如，一个通孔与此孔所穿过的模型上的面相关联。如果改变模型，这些面中的一个或两个都被移动，由于与这些面关联，此孔将自动更新。

4. 定位一个特征

在"建模"应用程序中，可以使用定位方式相对于模型上的几何体来定位特征。该特征于是就与此几何体关联起来，并且每当编辑该模型时它还会维护这些关联。也可以通过改变定位尺寸的值来编辑特征的位置。

5. 参考特征

您也可以生成参考特征，如基准面、基准轴或基准坐标系，在需要时它们可以作为参考几何体。这些基准特征可以用作其他特征的构件。

基准面在构建草图、生成特征和定位特征时可作为参考平面。

基准轴可用来生成基准面，以便某些元素可以同心放置或用于生成径向图案。

三、UG NX 建模基础

UG NX 可以通过成形特征来实现实体建模，这种建模方法快速、简单。UG NX 建模能方便地建立二维和三维线框模型及扫描、旋转实体，并可进行布尔操作和参数化编辑。草图工具可供定义二维截面的轮廓线。特征建模模块提供了各种标准设计特征，如孔、槽、型腔、凸台、方形凸台、圆柱、块、圆锥、球、管道、圆角和倒角等；同时，还可以用薄壳实体创建薄壁件，并对实体进行拔模，以及从实体中抽取需要的几何体等。

1. UG NX 常用的实体建模命令

1）块体：在工具栏中单击□图标或选择菜单命令。

2）柱体：在工具栏中单击□图标或选择菜单命令。

3）锥体：在工具栏中单击▲图标或选择菜单命令。

4）球体：在工具栏中单击■图标或选择菜单命令。

5）管体：在工具栏中单击✎图标或选择菜单命令。

6）孔：在工具栏中单击◙图标或选择菜单命令。

7）圆形凸台：在工具栏中单击□图标或选择菜单命令。

8）型腔：在工具栏中单击回图标或选择菜单命令。

9）方形凸台：在工具栏中单击回图标或选择菜单命令。

10）键槽：在工具栏中单击□图标或选择菜单命令。

2. UG NX 实体特征操作工具

UG NX 实体特征操作工具栏如图 5-5 所示。

1）拉伸建模：利用一些曲线或封闭曲线按特定方向拉伸成曲面或实体。步骤：单击工具栏中的 图标，再依次单击【选择曲线】/【拉伸条件】/【确定】。

2）旋转建模：利用一些曲线按照某一旋转轴旋转一定角度而得到。步骤：单击工具栏中的 图标，再依次单击【选择曲线】/【旋转中心线】/【旋转角度】/【确定】。

3）沿导引线扫掠：将一个截面沿着某一导轨运动而成一实体。步骤：单击工具栏中的 图标，再依次单击【选择曲线】/【拉伸条件】/【确定】。

3. 布尔运算

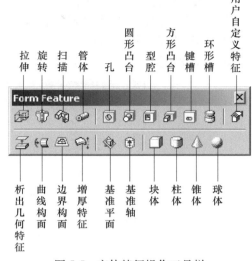

图 5-5　实体特征操作工具栏

1）相加：将两个或两个以上不同的实体结合起来，也就是求实体间的和集。操作方式为在工具栏中单击 图标或选择菜单命令【Insert Feature Operation Unite】。

2）相减：从目标体中减除一个或多个工具体，也就是求实体间的差集。操作方式为在工具栏中单击 图标或选择菜单命令【Insert Feature Operation Subtract】。（注：所选工具实体必须与目标实体相交，而且它们的边缘也不能重合。另外，片体与片体之间不能相减。如果选择的工具实体将目标体分割成了两部分，则产生的实体将是非参数化实体。）

3）相交：使目标体和所选工具体间相交部分成为一个新实体，也即求实体间的交集。操作方式为在工具栏中单击 图标或选择菜单命令【Insert Feature Operation Intersect】。

4. UG NX 基准面与基准轴

1）基准面：基准面是建模的辅助平面，主要是为了方便在非平面上创建特征，或为草图提供草图工作平面的位置。例如，借助基准平面，可在圆柱面、圆锥面、球面等不易创建特征的表面上方便地创建孔、键槽等特征。操作方式为在工具栏中单击 图标或选择菜单命令【Insert Form Feature Datum Plane】。

2）基准轴：操作方式为在工具栏中单击 图标或选择菜单命令【Insert Form Feature Datum Axis】。

5.4　案例：UG NX 定模座板建模

1. 要求

完成如图 5-1 所示定模座板的草图、三维建模设计。

2. 任务分析

先分析零件形状与结构特点，确定建模思路。

3. 步骤

1）进入 UG，建立文件名为 DingMuZuoBan、单位为 mm 的模型文件。

定模板阵列
操作

2）设置背景：按 Ctrl+M 组合键进入建模环境，选择【背景】，勾选【纯色】，将【普通颜色】设置为白色，单击【确定】按钮。

3）单击【插入】/【设计特征】/【长方体】 ，在【块】对话框中按图 5-6 所示进行设置，单击【确定】按钮，生成长方体。

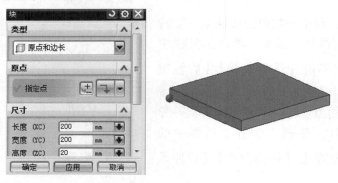

图 5-6　块操作

4）以上表面为草绘平面进入草图（选择【现有平面】方式），以中点捕捉方式 ✐ 作两条垂直的中心线，并通过 ⫾⫾ 将其转为参考线。

5）以交点捕捉方式 ⊹ 绘制 R50mm、R18mm 的两个同心圆，完成草图，如图 5-7a 所示。

6）单击 ⫿ 图标，在弹出的【曲线规则】对话框下拉菜单中选【单个曲线】，选小圆曲线，做与长方体【求差】的布尔运算拉伸操作（要注意拉伸方向，可通过 ✗ 图标改向，距离为大于长方体的厚度）；同理，进行大圆的拉伸求差，拉伸深度为 5mm，如图 5-7b 所示。

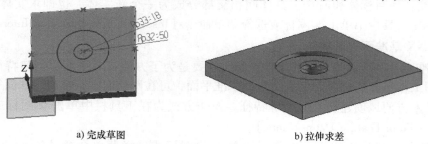

a) 完成草图　　　　　　　　　　　　　　　　b) 拉伸求差

图 5-7　草绘

7）单击【插入】/【设计特征】/【孔】 ，采用【常规孔】类型，成形形状为【简单】，输入孔径 5mm、深度 20mm、顶锥角 0°的参数与长方体布尔求差；在【孔】对话框【位置】栏中的【指定点】处选择【绘制截面】 ▦ 方式，选凹表面为草图平面绘制草图，如图 5-8 所示。

8）单击【确定】按钮，弹出【草图点】对话框，以光标 ╬ 方式在中心线附近作两个点，并通过 ┝╾┥、Ⅱ 等尺寸约束方式使孔中心与两中心线的距离分为 0 和 42.5mm（图 5-9a），单击【完成草图】图标回到【孔】对话框，单击【确定】按钮，完成两孔的设计（图 5-9b）。

9）同理，在长方体上表面作一个 R4mm 的销孔（通孔），其定位位置与两中心线的距离分别为 38.5mm 和 60mm。

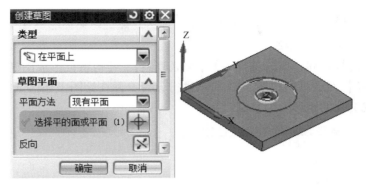

图 5-8　草绘平面

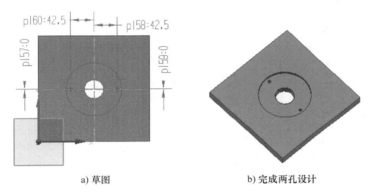

a) 草图　　　　　　　　　　　b) 完成两孔设计

图 5-9　孔设计定位

10）在长方体上表面销孔同方向作一个沉孔，其参数设置如图 5-10 所示，其定位位置与两中心线的距离分别为 53mm 和 60mm。

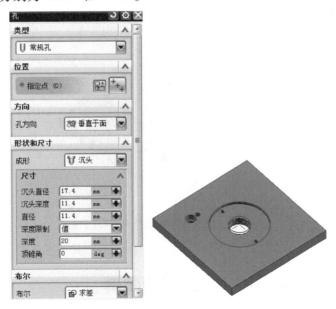

图 5-10　创建孔

11）作螺纹：单击【插入】/【设计特征】/【螺纹】 ，以默认参数在两个孔径为 5mm 的孔上作两个 M6mm 的详细螺纹。

12）对沉孔进行阵列：单击【插入】/【关联复制】/【对特征形成图样】 ，在弹出的【对特征形成图样】对话框中按图 5-11 所示进行设置，并在绘图工作区选择沉孔，单击【确定】按钮，完成沉孔的矩形阵列复制。

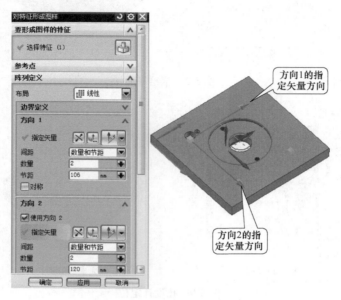

图 5-11 沉孔阵列

13）同理，完成 R4mm 销孔的矩形阵列复制（方向 1 的节距为 77mm，方向 2 的节距为 120mm），如图 5-12 所示。

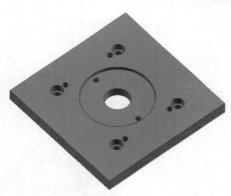

图 5-12 销孔阵列

5.5 自主案例：UG NX 定模板建模

要求：完成图 5-13 所示定模板的草图、三维建模设计。

定模板创

建孔

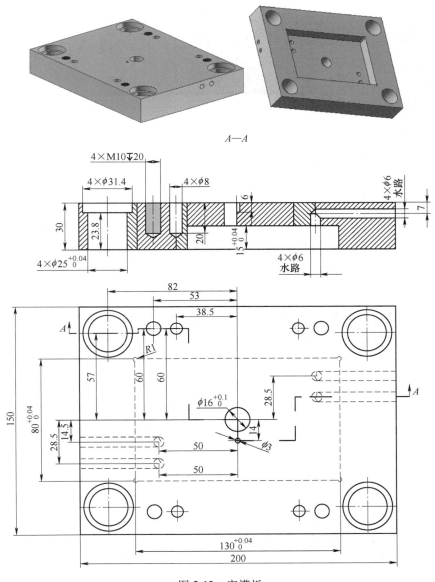

图 5-13　定模板

5.6　项目测试与学习评价

一、学习任务项目测试

测试 1

要求：完成图 5-14 所示推板的建模。

测试 2

要求：选择合适的建模方案，完成推板固定板（图 5-15）的三维建模。

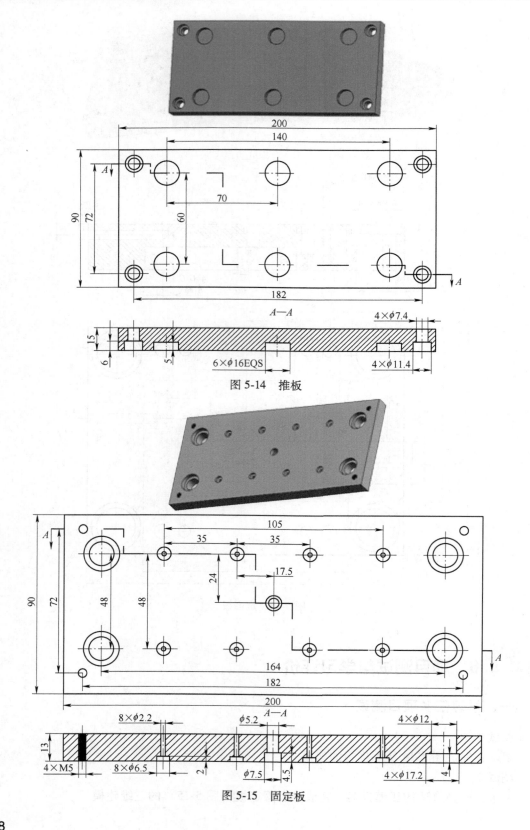

图 5-14 推板

图 5-15 固定板

二、学习评价

1. 自评（表 5-4）

表 5-4　学生自评表

班级		组名		日期	年　月　日
评价指标	评价内容			分数	分数评定
信息检索	能有效利用网络、图书资源查找有用的相关信息等；能将查到的信息有效地传递到学习中			10	
感知课堂生活	熟悉数字化建模与制造岗位，认同工作价值；在学习中能获得满足感			10	
参与态度	积极主动与教师、同学交流，相互尊重、理解；与教师、同学能够保持多向、丰富、适宜的信息交流			10	
	能处理好合作学习和独立思考的关系，做到有效学习；能提出有意义的问题或能发表个人见解			10	
知识（技能）获得	能正确进行实体建模与特征建模设计			20	
	能按要求完成模板类零件建模			20	
思维态度	能发现问题、提出问题、分析问题、解决问题、创新问题			10	
自评反馈	能按时按质完成任务；较好地掌握了技能点；具有较强的信息分析能力和理解能力；具有较为全面严谨的思维能力并能条理清楚地表达成文			10	
自评分数					
有益的经验和做法					
总结反馈建议					

2. 互评（表 5-5）

表 5-5　互评表

班级		组名		日期	年　月　日
评价指标	评价内容			分数	分数评定
信息检索	能有效利用网络、图书资源、工作手册查找有用的相关信息等；能用自己的语言有条理地去解释、表述所学知识；能将查到的信息有效地传递到工作中			10	
感知工作	熟悉工作岗位，认同工作价值；在工作中能获得满足感			10	
参与态度	积极主动参与工作，吃苦耐劳，崇尚劳动光荣、技能宝贵；与教师、同学相互尊重、理解；与教师、同学能够保持多向、丰富、适宜的信息交流			10	
	能探究式学习、自主学习，处理好合作学习和独立思考的关系，做到有效学习；能提出有意义的问题或能发表个人见解；能按要求正确操作；能倾听别人意见、协作共享			10	

（续）

班级		组名		日期	年　月　日
评价指标		评价内容		分数	分数评定
学习方法		学习方法得当，有工作计划；操作技能符合规范要求；能按要求正确操作；能获得进一步学习的能力		10	
工作过程		遵守管理规程，操作过程符合现场管理要求；平时上课的出勤情况和每天完成工作任务情况；善于多角度分析问题，能主动发现、提出有价值的问题		10	
思维态度		能发现问题、提出问题、分析问题、解决问题、创新问题		10	
知识与技能的把握		能按时按质完成工作任务；较好地掌握了以下专业技能点：实体建模与特征建模；UG NX 指令的运用；模板类零件的 UG NX 草绘与建模		30	
互评分数					
有益的经验和做法					
总结反馈建议					

3. 师评（表 5-6）

表 5-6　教师评价表

班级			组名		姓名	
出勤情况						
序号	评价内容	评价要点	考查要点	分数	分数评定标准	得分
一	问题回答与讨论	引导问题内容细节	发帖与跟帖	8	发帖与表达准确度	
			讨论问题		参与度、思路或层次清晰度	
二	学习任务实施	依据任务内容确定学习计划	分析建模步骤关键点准确	8	思路或层次不清扣 1 分	
			涉及知识、技能点准确且完整		不完整扣 1 分，分工不准确扣 1 分	
		建模过程	UG NX 草绘设计；UG NX 实体建模与特征建模	65	草图过约束、欠约束分别扣 5 分；特征建模不合理每次扣 10 分	
			UG NX 实体造型与特征操作指令的运用；模板类零件的 UG NX 草绘与三维造型；UG NX 孔系特征		不能正确完成一个步骤扣 5 分	
三	总结	任务总结	依据自评分数	4		
			依据互评分数	5		
			依据个人总结评价报告	10	依据总结内容是否到位给分	
		合计		100		

5.7　第二课堂：　拓展学习

1）依托"3D 动力社"学生专业社团，组队参加全国 3D 大赛、"互联网+"大学生创新创业大赛等赛事，进行参赛项目制作。

2）工程实战任务：完成动模座板（图 5-16）三维建模。

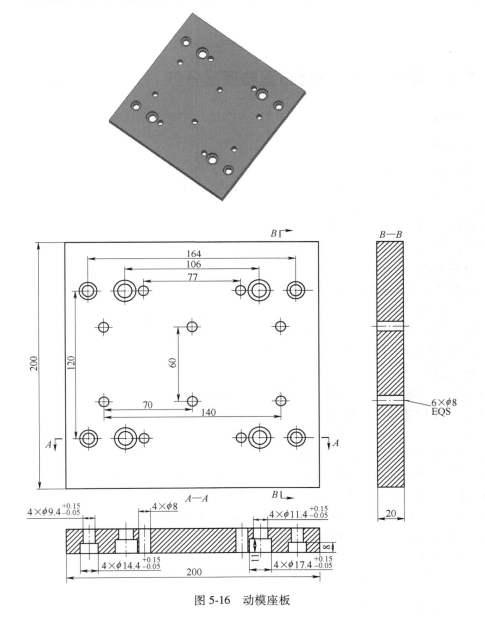

图 5-16　动模座板

3）课后观看中央电视台播放的《大国工匠》《国之重器》《澎湃动力》等相关宣传片，增长学识，增强民族自豪感。

UG NX型芯与型腔CAD

 ## 6.1 导学：学习任务布置与项目分析

一、任务描述

1. 任务书

客户：宜宾某模具公司。

产品：某电子产品外壳注射模成形零件（型芯、型腔等）。

背景：宜宾某模具公司基于客户要求，需进行某电子产品外壳注射模型芯（图6-1）、型腔等零件的三维建模造型设计。

技术要求：大批量生产。

2. 任务内容

在通盘了解注射模结构基本知识和成形类零件特性要求，并熟悉 UG NX 特征建模操作的基础上，通过运用草绘、实体建模、曲面建模、特征操作等，并在此基础上进行模仁类零件的造型建模设计，来进一步理解 UG NX 的各主要功能模块；掌握 UG NX 草绘设计及 UG NX 建模操作的基本方法，学会较复杂零件的建模设计方法。

3. 学习目标

1）使学生了解成形零件建模基础知识与基本操作。

2）能说出较复杂模具成形零件的特点及建模思路。

3）通过学习，进一步掌握特征建模的使用方法；能应用块体、球体、锥体、柱体、管体、孔、凸台、型腔、键槽、环形槽等特征进行建模设计。

4）学会应用特征编辑工具栏进行特征参数编辑、定位尺寸编辑、特征移动、特征重排和删除等操作；能对存在实体或特征进行修改，用于实体拔模、倒圆角、面倒圆、软倒圆、倒斜角、特征阵列、实体修剪、实体分割、攻螺纹和薄壳等操作。

5）培养学生勇攀科技高峰的责任感和使命感。

6）培养学生求真务实、追求卓越的工作态度。

7）培养学生的协作精神及集体观念。

二、问题引导与分析

1. 工作准备

1）阅读学习任务书，完成分组及组员间分工。

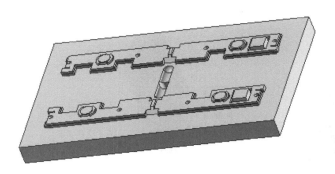

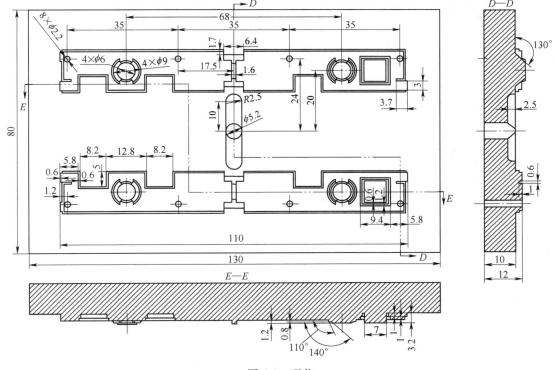

图 6-1　型芯

2）学习特征建模、实体建模、特征操作、曲面建模操作。

3）完成注射模成形零件（型芯与型腔）的三维建模操作任务。

4）展示作品，学习评价。

2. 任务项目分析与解构

型芯建模思路如图 6-2 所示。

3. 获取资讯

❓ **引导问题 1**：如何实现注射模成形零件建模？完成表 6-1 的内容。

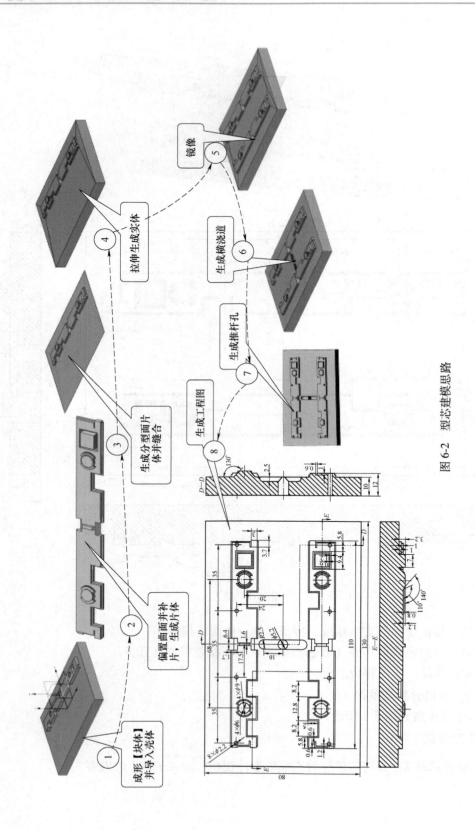

图 6-2 型芯建模思路

表 6-1　成形零件建模操作

零件	截取示意图	主要操作要点
型芯		
型腔		

引导问题 2：成形零件设计为嵌入式结构有何优点？如何体现其绿色设计理念？

引导问题 3：模具工作（成形）零件有哪些？它们各有何作用？有什么要求？型芯与型腔在成形零件时的配合精度要求对于团队协作有何重要启示？

引导问题 4：实体建模与特征建模各有何异同？如何才能实现快速建模？

4. 工作计划

按照收集的信息和决策过程，根据软件建模处理步骤、操作方法、注意事项，完成表 6-2 的内容。

表 6-2　注射模成形零件三维建模工作方案

步骤	工作内容	负责人
1		
2		
3		

 6.2　型芯、型腔基本认知与曲面建模特征操作

一、型芯与型腔基本认知

型芯与型腔是塑料模、铸造模等的主要工作零件，是用来成形制件的关键部件，它们的质量直接影响着模具的使用寿命和制件质量。

1. 型芯

型芯，也叫芯子，铸造时用以形成铸件内部结构。例如，铸件内部的空腔是怎么形成的呢？方法是造型时就在这个位置放一个芯子，大小、形状与这个空腔一样，经过浇注、保温、落砂后就得到铸件的空腔。

2. 型腔

型腔就是砂型中与铸件形状一致的空腔，用来容纳金属液，浇注后金属液经过冷却，就形成了铸件。

3. 分型面

分型面是为了起模方便做出的一种分割面，一般为平面。分割后，砂型就分成上、下两部分；型芯用于形成铸件的内表面。

二、UG NX 曲面建模

UG NX 是一个集成化的 CAD/CAM/CAE/PDM 软件系统，Sketch 便是该系统的一个地基，是实现 UG NX 软件参数化特征建模的基础。

UG 曲面建模，一般首先通过曲线构造方法生成主要或大面积曲面，然后通过曲面的过渡和连接、光顺处理、曲面的编辑等方法完成整体造型。

1. 曲面的相关概念

曲面是一种没有厚度、质量、界限的薄膜。一般而言，对于较规则的 3D 零件，实体特征提供了迅速且方便的造型方式；但对于复杂度较高的造型设计，仅使用实体特征来建立 3D 模型（如鼠标，见图 6-3）就显得很困难了，因此曲面特征应运而生，它提供了非常具有弹性的方式来建立曲面。

图 6-3　鼠标曲面

曲面特征的建立方式除了有与实体特征相同的拉伸、旋转、扫描、混合等方式外，还有曲面的合并、修剪、延伸等（实体特征缺乏此类特征）。由于曲面特征的使用较为弹性化，因此其操作技巧性也较高。

2. UG NX 中曲面的分类

根据 UG NX 中创建曲面的方式不同，可以将曲面分为基本曲面、造型曲面和自由式曲面三大类。

1）基本曲面：该类曲面的创建方式较为简单，可以构建造型简单的曲面模型，如拉伸曲面、旋转曲面、扫描曲面、混合曲面及填充曲面。

2）造型曲面：也称交互式曲面。它将艺术性和技术性完美地结合在一起，将工业设计的自由曲面造型工具并入设计环境中，使得设计师能在同一个设计环境中完成产品设计，避免了外形结构设计与部件结构设计的脱节。

3）自由式曲面：其建模环境提供了使用多边形控制网格快速简单地创建光滑且正确定义的 B 样条曲面的命令，可以操控和以递归方式分解控制网格的面、边或顶点来创建新的顶点和面。新顶点在控制网格中的位置基于附近旧顶点的位置来计算。此过程会生成一个比原始网格更密的控制网格。合成几何称为自由式曲面。控制网格上的面、边或顶点称为网格元素。自由式曲面及其所有参考元素构成了自由式特征，如图 6-4 所示。

3. 曲面特征的创建

1）直接创建曲面特征：如同建立实体特征一样，可以直接建立拉伸、旋转、扫掠等形式的曲面特征及相应形状的面组合，创建步骤和方法与实体基本一样。创建曲面时，剖面可以是开放面，而实体一般是闭合面。

直接创建曲面特征命令可以从主菜单【插入】下拉菜单中选取，也可单击相应的特征工具按钮。

2）参照已有的几何创建曲面特征：可以通过复制、镜像、偏移等命令，参照已有的几何体创建曲面特征，如偏移曲面特征（图6-5）。该特征由选中的面作为偏距得到新的面，偏移面与被偏距的"源"面之间处处距离相等，相当于用一个直径为偏距值的球在"源"面上滚动形成的包络面，二者保持关联。

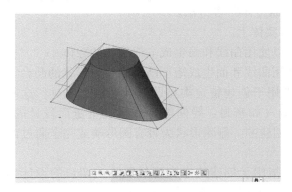

图6-4　自由式特征

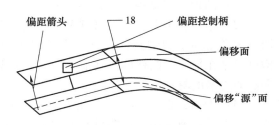

图6-5　偏移曲面

建立步骤：在【插入】下拉菜单中选择【偏移曲面】，然后输入偏距，单击需要偏移的面。

3）利用线框创建曲面特征：先建立线框，搭好框架，然后逐个形成曲面。

4. 曲面操作流程

1）在工具栏中单击【插入】，选择【曲面】，选择合适的曲面类型和曲面方法。

2）作曲面参考线：单击草图图标☑，在草图上作两直线，使直线成为曲面成形辅助线。

3）用【有界曲面】补片零件的基本轮廓。

4）单击【插入】/【组合】/【缝合】，使曲面形成一个整体面。

5）利用曲面和修剪体功能形成型芯与型腔曲面。

三、UG NX 成形特征

1. 特征指令名称

1）基准平面：在已有平面不可用时生成参考平面（固定的或相对的）作为辅助。

2）基准轴：生成旋转特征、拉伸体等的参考轴。

3）基准坐标系：生成相关的基准坐标系。

4）拉伸体：通过扫掠选定的截面曲线，以指定方向的线性距离来生成实体。是扫掠特征的一部分。

5）旋转体：将选定的截面曲线相对于给定轴旋转非零角度来生成特征。是扫掠特征的一部分。

6）沿导线扫掠：通过沿由一个或一系列曲线、边或面构成的导线拉伸开放或封闭的边界草图、曲线、边或面来生成单个实体。是扫掠特征的一部分。

7）管道：通过沿一个或多个曲线对象扫掠由用户定义的外部和内部直径组成的圆弧横截面来生成单个实体。

8）孔：【孔】特征是一种用于创建各种类型孔的基础建模工具，这些孔可以是简单的直孔、螺孔、锥孔等，广泛应用于机械设计和制造过程中。孔特征的使用极大地简化了在零件上添加精确孔结构的过程，支持快速设计和修改。孔形状可以是简单孔、沉孔或埋头孔等。孔生成可以应用"至指定深度"或"完全通过体"等方法。

9）圆台：将圆柱形或锥形材料添加到已有实体上。

10）腔体：删除矩形或圆柱形材料，或可以使用曲线和面生成一般形状的腔体。

11）凸台：将材料添加到实体上。可以使用曲线和面生成矩形凸台或一般形状的凸台。

12）槽：在 UG NX 中，【槽】特征是一种用于创建特定类型凹陷或切口的工具，这些切口通常是为了容纳其他部件、实现特定功能（如密封、导向等）或减轻重量而设计的。槽可以是在平面、圆柱面或其他类型的表面上创建的。删除形状为带有圆形端或完全通过两个面的直槽的材料。

13）沟槽：在 UG NX 中，【沟槽】特征是指用于创建特定类型的凹陷或切口的设计元素，这些元素通常是机械零件设计中用来容纳其他部件、密封圈或其他功能需求的关键部分。沟槽可以在轴类零件、孔内或平面上创建，根据其应用的不同，沟槽的设计也会有所变化。创建沟槽特征时，用户可以选择沟槽的类型、位置及尺寸等参数，而创建此特征时删除沟槽形材料，就好像工具在旋转的部件上向内（或向外）移动。

14）用户定义的特征：添加客户设计的特征。

15）提取几何体：在 UG NX 中，【提取几何体】是指从现有的模型或设计中创建一个基于选定几何元素的新对象或特征的过程。这个功能允许用户从复杂的设计中选择特定的面、边或体，并根据需要生成新的几何体，以便于进一步编辑、分析或为制造做准备，通过提取曲线、面、体的区域或整个体来生成体。

16）曲线成面：通过选定曲线生成实体。

17）有界平面：通过使用片体边界的端点到端点共面曲线线串来产生平面片体。

18）片体加厚：偏置或加厚片体来生成实体。在片体的面的法向应用偏置。

19）片-实体辅助：从未缝合片体组产生实体，方法是使一组片体的缝合过程自动进行（缝合）然后使结果加厚（片体加厚）。在此过程中，会发现将导致失败的几何体的情况并且给出解决方案。

20）长方体：通过指定其方向、大小和位置来生成长方体体素。

21）圆柱：通过指定其方向、大小和位置来生成圆柱面体素。

22）圆锥：通过指定其方向、大小和位置来生成圆锥面体素。

23）球：通过指定其方向、大小和位置来生成球体素。

2. UG NX 特征操作

1）拔模：将拔模相对于指定矢量应用于面或边。

2）边缘圆角：通过将选定边变圆的方法修改实体。

3）面圆角：生成相切于指定面组的圆角。

4）软圆角：生成比标准圆角更具有美感的圆角。

5）倒角：通过定义所需的倒角尺寸来使实体的边成为斜角。

6）抽壳：基于用户指定的厚度值在单个实体周围抽出或生成壳。

7）螺纹：在带圆柱面的特征上生成符号或详细的螺纹。

8）引用：从已有特征生成矩形或圆弧引用阵列，也可以对于基准平面镜像实体。

9）缝合：将两个或多个片体连接在一起，或者将两个至少共有一个面的实体连接在一起。

10）补丁：使用片体来替代实体上的某些面。还可以把一个片体补到另一个片体上。

11）简化体：从实体中删除相连的面组，在想改变复杂的模式以强调关键特征时很有用，但是保留恢复细节的能力。

12）包容几何体：通过计算围绕实体的实体包层来简化局部详细的模型，将该模型与平面的凸多面体一起有效地"收缩包容"。

13）偏置面：沿面法向偏置一个或多个实体的面。

14）比例：使实体和片体相对于"工作坐标系"（WCS）成比例。可以使用均匀比例，也可以在 XC、YC 和 ZC 方向上独立地成比例。

15）修剪体：使用面、基准平面或其他几何体修剪一个或多个目标体。选择想要保留的体的部分，然后修剪体得到正在修剪的几何体的外形。

16）分割体：使用面、基准平面或其他几何体分割一个或多个目标体。

17）合并：合并两个或更多体的体积。

18）减去：从目标体上减去一个或多个工具体，将减去的目标体处保留为空。

19）相交：生成包含由两个不同的体共有体积的体。可以将实体与实体相交、片体与片体相交，也可以使片体与实体相交，但是不能将实体与片体相交。

20）体的提升：将体从载入装配零件提升到装配层（工作部件）。提升体相关于原先的体。

3. UG NX 自由形式特征

1）通过点：定义体将通过的矩形阵列的点。

2）由极点：指定点作为定义体外形的控制网的极点（顶点）。

3）由点云：生成逼近巨大数据点云的片体，通常通过扫描或数字化生成。

4）直纹：通过两条曲线轮廓线生成直纹体（片体或实体）（此选项是【通过曲线】选项的特殊情况）。

5）通过曲线：通过一个方向上的曲线轮廓线组生成体。

6）通过曲线网格：从存在于两个不同方向上的已有曲线轮廓线组生成体。

7）扫掠：生成通过将曲线轮廓线沿空间路径以预先描述的方式移动的方法定义的体。

8）截面：生成通过使用二次构造方法定义的截面的体。

9）桥接：生成相切或曲率连续的、连接两个面的片体。

10）N 边曲面：通过使用不限数目的曲线或边建立一个曲面，并指定它与外部面的连续性，所用的曲线或边组成一个简单、封闭的环。

11）延伸：从已有的基片体上生成延伸片体（切向、垂直于曲面、角度控制的、圆弧控制的或规律控制的)。

12)规律控制的延伸：根据长度和角度规律，为已有的基片生成规律控制的延伸。

13)扩大：通过生成新的与原先未修剪面相关的扩大特征来改变未修剪片体的大小。

14)偏置曲面：从保持指定距离(恒定的或可变的)和方向的已有面上生成偏置片体。

15)粗略偏置：使用大的偏置距离从一组面或片体生成一个没有自相交、尖锐边缘或拐角的偏置片体。

16)合并：将几个曲面合并为单个 B 曲面，它逼近位于几个已有面上的四边区域。

17)下扑：动态地生成、成形和编辑光顺的 B 曲面。

18)工作室曲面：使用预设置曲面构造结构方式来迅速生成曲面。

19)样式圆角：生成带有相切约束和曲率约束的圆角。也可以在多个曲面和实体面上形成圆角。这个工具提供规律选项来自动生成圆角的相切曲线。

20)一般变形：使曲面以可预测的趋势变形，而且与结果保持完整的相关性。

21)修剪的片体：生成相关修剪的片体。

22)圆角：在两个面之间(从实体或片体)生成有恒定或可变半径的圆角片体。

23)外部的：导入储存在数据库中的"外部的"体、面和坐标系。

6.3　案例：UG NX 模具型芯 CAD

1. 要求

完成图 6-1 所示型芯的草图、三维建模设计。

2. 任务分析

先分析零件形状与结构特点，确定建模思路。

3. 步骤

1)进入 UG 建模，建立名为 XingXin. prt 的模型文件；以 XY 平面为草绘平面，绘制长 130mm、宽 80mm 的矩形草图，沿 Z 轴反方向拉伸生成高 10mm 的长方体，或通过菜单命令【设计特征】/█生成长方体。

2)单击【文件】/【导入】/【部件】/【确定】，选取已完成的外壳塑件(GaiKe)文件，在【点构造器】中输入基点(0，20，0)，单击【确定】按钮，将壳体导入，如图 6-6 所示。

3)隐藏长方体，单击【插入】/【偏置/缩放】/【偏置曲面】命令图标█，偏置距离为 0，在【面规则】下拉菜单中选择【单个曲面】，选塑件所有内表面(若选错，可按住 Shift 键单击相应部分将其取消)进行偏置，依次单击【插入】/【曲线】/【直线】╱，以【端点】捕捉方式╱作直线，补好两端止口处的

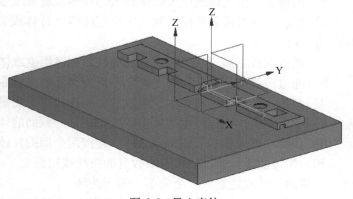

图 6-6　导入壳体

线段。

4）单击【插入】/【曲面】/【有界平面】，以【单条曲线】规则选择各边将两端止口、圆形及方形缺口补片；将塑件实体隐藏，并通过【插入】/【组合】/【缝合】将所有片体缝合为一体，如图 6-7 所示。

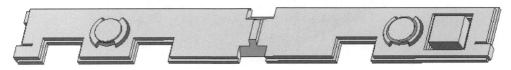

图 6-7　补片体

5）单击【编辑】/【显示和隐藏】/【显示】，弹出【类选择】对话框，在绘图区选择长方体将其显示出来，单击【插入】/【曲线】/【直线】，以【端点】捕捉方式作四条对角点的辅助线（图 6-8a），单击【插入】/【曲面】/【有界平面】，分别以四条辅助线、长方体棱边及片体相应区域内的周边为界，构造四个有界平面（图 6-8a），并通过【插入】/【组合】/【缝合】将所有片体缝合为一体（图 6-8b）。

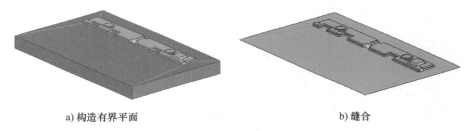

a) 构造有界平面　　　　　　　　　　　　b) 缝合

图 6-8　构建片体

6）以长方体底面四条边为截面曲线，沿 Z 轴正方向拉伸生成新的长方体，开始距离为0，结束距离为 20mm，并与原先的长方体求和。

7）单击【修剪体】，选长方体为目标，以此片体为工具，改变修剪方向进行修剪（图 6-9）（提示：可以在【静态线框】显示状态下选择片体）。隐藏片体，单击【插入】/【基准/平面】/【基准平面】，以二等分类型构建辅助平面，单击【插入】/【关联复制】/【镜像体】，生成另一个型芯，并进行求和，如图 6-10 所示。

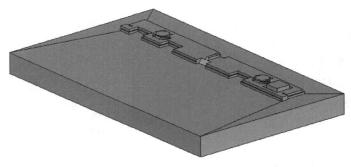

图 6-9　修剪体

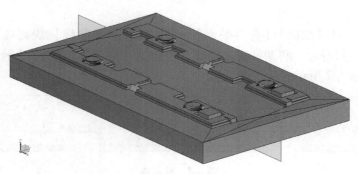

图 6-10 镜像

8）以上表面为草绘平面绘制草图（图 6-11a）（方法与尺寸均与前述的型腔部分浇道一致），通过【回转曲线】和【回转轴指定矢量】，旋转与长方体求差，完成横浇道的成形（图 6-11b）；单击 图标，【曲线规则】选择【单条曲线】，选直径为 5.2mm 的圆与长方体进行求差拉伸，得到拉料杆孔。

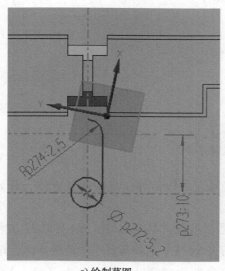

a) 绘制草图

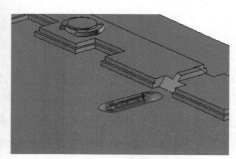

b) 生成横浇道

图 6-11 创建横浇道

9）同理得另一型芯及其横浇道（或依次单击【插入】/【关联复制】/【镜像特征】 ，通过【二等分】 方法构造镜面对其镜像完成另一型芯及其横浇道的成形），如图 6-12 所示。

10）生成顶（推）杆孔：单击【设计特征】/【孔】 ，

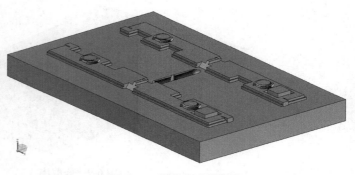

图 6-12 镜像生成横浇道

弹出【孔】对话框，按图 6-13a 进行设置，在型芯下表面单击，弹出【草图点】对话框，单击工具条中的 图标，在绘图区修改孔的定位尺寸（图 6-13a），生成一个顶（推）杆孔（图 6-13b）。

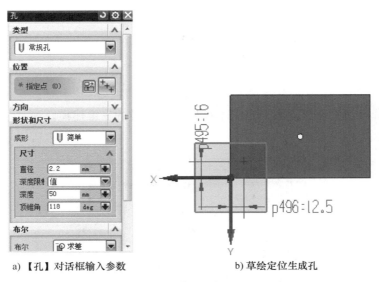

a）【孔】对话框输入参数　　　　　　b）草绘定位生成孔

图 6-13　创建顶（推）杆孔

11）单击【插入】/【关联复制】/【对特征形成图样】 ，采用线性布局，方向 1（横向）数量设为 4，节距为 35mm，方向 2（纵向）数量为 2，节距为 24mm，完成所有顶（推）杆孔的设计，如图 6-14 所示。

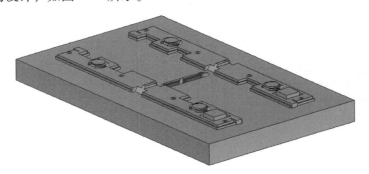

图 6-14　完成型芯的三维造型

 ## 6.4　项目测试与学习评价

一、学习任务项目测试

测试 1

要求：完成图 6-15 所示端盖型腔的设计。

图 6-15　端盖

测试 2

要求：选择合适的建模方案，完成图 6-16 所示型腔的三维建模。

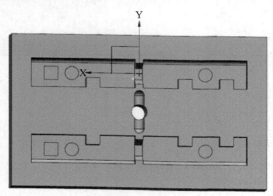

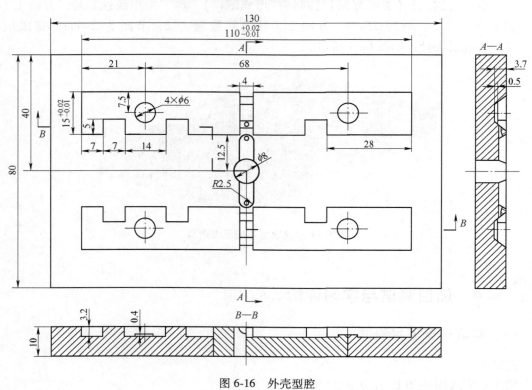

图 6-16　外壳型腔

二、学习评价

1. 自评（表 6-3）

表 6-3 学生自评表

班级		组名		日期	年　月　日
评价指标	评价内容			分数	分数评定
信息检索	能有效利用网络、图书资源查找有用的相关信息等；能将查到的信息有效地传递到学习中			10	
感知课堂生活	熟悉数字化建模与制造岗位，认同工作价值；在学习中能获得满足感			10	
参与态度	积极主动与教师、同学交流，相互尊重、理解；与教师、同学能够保持多向、丰富、适宜的信息交流			10	
	能处理好合作学习和独立思考的关系，做到有效学习；能提出有意义的问题或能发表个人见解			10	
知识（技能）获得	能正确进行片体建模、实体建模与特征操作			20	
	能按要求完成型腔、型芯建模			20	
思维态度	能发现问题、提出问题、分析问题、解决问题、创新问题			10	
自评反馈	能按时按质完成任务；较好地掌握了知识点；具有较强的信息分析能力和理解能力；具有较为全面严谨的思维能力并能条理清楚地表达成文			10	
自评分数					
有益的经验和做法					
总结反馈建议					

2. 互评（表 6-4）

表 6-4 互评表

班级		组名		日期	年　月　日
评价指标	评价内容			分数	分数评定
信息检索	能有效利用网络、图书资源、工作手册查找有用的相关信息等；能用自己的语言有条理地去解释、表述所学知识；能将查到的信息有效地传递到工作中			10	
感知工作	熟悉工作岗位，认同工作价值；在工作中能获得满足感			10	

（续）

班级		组名		日期	年 月 日
评价指标		评价内容		分数	分数评定
参与态度		积极主动参与工作，吃苦耐劳，崇尚劳动光荣、技能宝贵；与教师、同学相互尊重、理解；与教师、同学能够保持多向、丰富、适宜的信息交流		10	
		能探究式学习、自主学习，处理好合作学习和独立思考的关系，做到有效学习；能提出有意义的问题或能发表个人见解；能按要求正确操作；能倾听别人意见、协作共享		10	
学习方法		学习方法得当，有工作计划；操作技能符合规范要求；能按要求正确操作；能获得进一步学习的能力		10	
工作过程		遵守管理规程，操作过程符合现场管理要求；平时上课的出勤情况和每天完成工作任务情况；善于多角度分析问题，能主动发现、提出有价值的问题		10	
思维态度		能发现问题、提出问题、分析问题、解决问题、创新问题		10	
知识与技能的把握		能按时按质完成工作任务；较好地掌握了以下专业技能点：实体建模与特征建模；UG NX 曲面成形；型腔、型芯的 UG NX 草绘与建模		30	
互评分数					
有益的经验和做法					
总结反馈建议					

3. 师评（表 6-5）

表 6-5 教师评价表

班级			组名		姓名		
出勤情况							
序号	评价内容	评价要点	考查要点	分数	分数评定标准		得分
一	问题回答与讨论	引导问题内容细节	发帖与跟帖	8	发帖与表达准确度		
			讨论问题		参与度、思路或层次清晰度		
二	学习任务实施	依据任务内容确定学习计划	分析建模步骤关键点准确	8	思路或层次不清扣 1 分		
			涉及知识、技能点准确且完整		不完整扣 1 分，分工不准确扣 1 分		
		建模过程	UG NX 草绘设计；UG NX 实体建模与特征建模；曲面成形、片体建模	65	草图过约束、欠约束分别扣 5 分；曲面生成不合理扣 10 分		
			UG NX 实体造型与特征操作指令的运用；型腔、型芯的 UG NX 草绘与三维造型；UG NX 自由成形特征		不能正确完成一个步骤扣 5 分		

（续）

班级			组名			姓名	
出勤情况							
序号	评价内容	评价要点	考查要点	分数	分数评定标准		得分
三	总结	任务总结	依据自评分数	4			
			依据互评分数	5			
			依据个人总结评价报告	10	依据总结内容是否到位给分		
		合计		100			

 ## 6.5　第二课堂：拓展学习

1）依托企业生产实训基地，了解曲面相关知识及设计技能，对接企业生产。

2）工程实战任务：完成图 6-17 所示型芯建模。

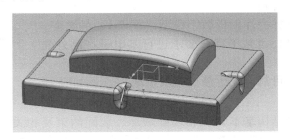

图 6-17　型芯

3）课后观看中央电视台播放的《大国工匠》《国之重器》《澎湃动力》等相关宣传片，增长学识，增强民族自豪感。

学习任务 7

UG NX 装配CAD

7.1 导学：学习任务布置与项目分析

一、任务描述

1. 任务书

客户：宜宾某模具公司。

产品：某电子产品外壳注射模数字模型（图7-1）的装配。

背景：宜宾某模具公司基于客户要求进行某电子产品外壳注射模装配 CAD。

技术要求：平稳、可靠、无干涉、精度较高。

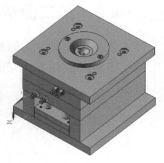

2. 任务内容

图 7-1　注射模

在通盘了解注射模结构基本知识和装配顺序、装配约束及相关注意事项，熟悉 UG NX 装配设计基本操作思路和方法的基础上，通过运用装配导航器、装配约束指令、装配设计操作工具、装配动画等，完成注射模装配 CAD，来进一步理解 UG NX 的各主要功能模块；掌握 UG NX CAD 操作的基本方法，学会机械产品的 UG NX 装配 CAD 设计方法。

3. 学习目标

1）使学生了解装配 CAD 的基础知识与基本操作。

2）能说出较复杂模具装配 CAD 的特点及思路。

3）通过学习，掌握 UG NX 装配基础知识；掌握装配设计的基本方法与操作；了解装配约束与组件定位；了解装配设计中配对的种类，掌握装配的顺序和做法。

4）了解爆炸视图与装配动画、装配导航器工具；熟悉 UG NX 装配导航器的运用。

5）培养学生的团队精神与创新精神。

6）培养学生正确的工程伦理、大局观与整体观。

二、问题引导与分析

1. 工作准备

1）阅读学习任务书，完成分组及组员间分工。

2）学习装配 CAD 操作。

3）完成注射模配 CAD 操作任务。

4）展示作品，学习评价。

2. 任务项目分析与解构

模具装配基本思路如图7-2所示。

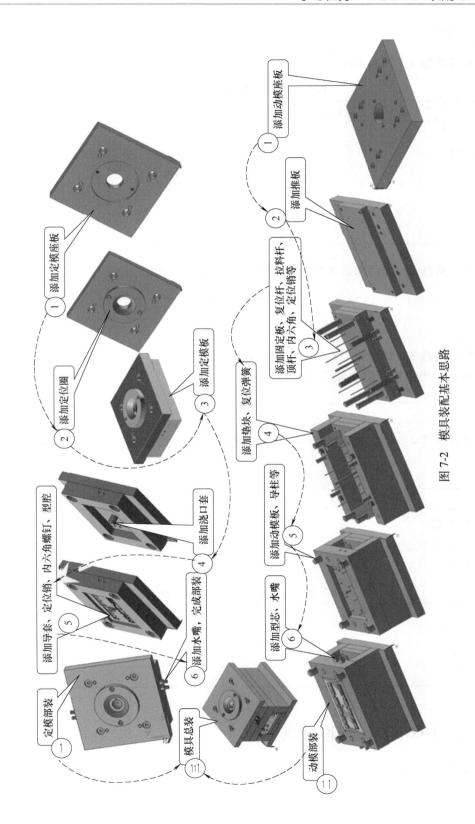

图 7-2　模具装配基本思路

3. 获取资讯

❓ **引导问题 1**：如何实现注射模装配 CAD？完成表 7-1 的内容。

表 7-1　注射模装配 CAD 操作

操作	截取示意图	主要操作要点
定（动）模部装		
总装		

❓ **引导问题 2**：如何理解装配顺序？这体现了什么样的工程伦理？

_____

_____

❓ **引导问题 3**：装配约束有哪些？它们各有何作用？有什么样的要求？自由状态下的机械能正常运动吗？机构运动能自由化吗？

_____

_____

❓ **引导问题 4**：装配爆炸视图与装配动画有何异同？如何理解装配中的局部与整体的关系？

_____

_____

4. 工作计划

按照收集的信息和决策过程，根据软件建模处理步骤、操作方法、注意事项，完成表 7-2 的内容。

表 7-2　注射模装配 CAD 工作方案

步骤	工作内容	负责人
1		
2		
3		

7.2　UG NX 装配设计基础

一、装配工具条与装配操作

1）单击【开始】/【装配】，进入装配模块。

2）装配和加载选项。

①由【文件】/【选项】/【装配和加载选项控制】打开装配件时，可由以下方式寻找及装入部件：【按照保存的】：按照装配件保存状态寻找装配组件；【从文件夹】：在装配件所在文件夹内寻找装配组件；【从搜索文件夹】：在用户指定的文件夹内寻找装配组件。

②添加组件。

③定位方式。【绝对原点】：使组件坐标原点与装配件坐标原点重合；【选择原点】：将组件原点放置到用户选择的位置点上；【配对】：利用配对关系确定组件位置；【重定位】：利用重定位功能确定组件位置。

3）重定位组件。其工具条如图 7-3 所示。

图 7-3　UG NX 装配重定位组件工具条

4）装配约束。其工具条如图 7-4 所示。

图 7-4　UG NX 装配约束工具条

二、爆炸视图

UG NX 爆炸视图工具条如图 7-5 所示。

图 7-5　UG NX 爆炸视图工具条

三、装配导航工具

UG NX 装配导航工具条如图 7-6 所示。

图 7-6　UG NX 装配导航工具条

7.3　案例：UG NX 注射模动模部装 CAD

1. 要求

完成图 7-7 所示动模的部装 CAD。

2. 步骤

1）单击 图标（或依次选择菜单【文件】/【新建】），弹出【新建】对话框，在【过滤器】栏中选择【装配】，输入文件名为"Shell Mold_asm1.prt"，选好文件的放置路径，单击【确定】按钮，弹出【添加组件】对话框。

2）添加动模座板：通过打开文件夹方式，找到 DongMuZuoBan.prt 文件，单击【确定】按钮，采用默认设置，将动模座板添加进来。

3）添加推板：单击【添加组件】按钮，通过打开文件夹方式找到 TuiBan.prt 文件，定位

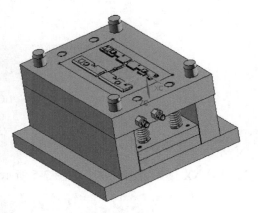

图 7-7　动模部分

方式改为【通过约束】，单击【应用】按钮；在弹出的【装配约束】对话框中按图 7-8 所示进行设置，并选两个【接触】约束的面，单击【应用】按钮。

4）通过下拉菜单将对话框【方位】栏中的【接触】更改为【对齐】，并选两侧面为【对齐】约束的面（图 7-9），单击【应用】按钮。

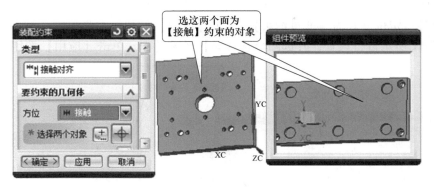

图 7-8 接触约束

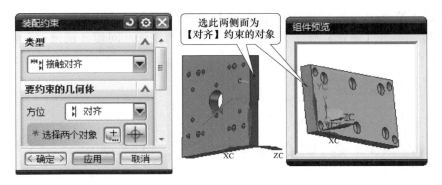

图 7-9 对齐约束

5）通过下拉菜单将对话框中的【类型】更改为【距离】，选两侧面为【距离】约束的面，设距离为 −55mm（可勾选【在主窗口中预览组件】来观察装配情况），单击【确定】按钮，完成推板的添加，如图 7-10 所示。

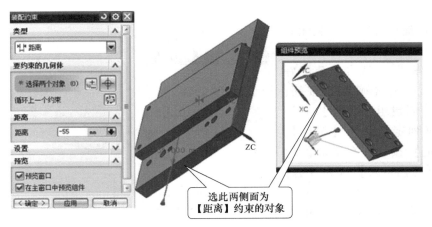

图 7-10 距离约束

6）添加限位钉：先隐藏动模座板，单击 图标，通过打开文件夹方式找到 XianWei-Ding. prt 文件，定位方式为【通过约束】，单击【应用】按钮；在弹出的【装配约束】对话框中按图 7-11 所示进行设置，并选两个【接触】约束的面，单击【应用】按钮。

图 7-11 接触约束

7）通过下拉菜单将对话框中的【类型】更改为【同心】，选两棱边为【同心】约束（图 7-12），单击【确定】按钮，完成一个限位钉的添加。同理（或通过创建组件阵列）完成其余限位钉的添加装配。

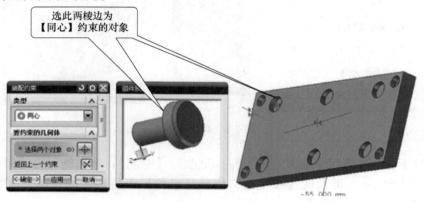

图 7-12 同心约束

8）【创建组件阵列】装配其余限位钉：单击【装配】/【组件】/【创建组件阵列】，选方才装配好的限位钉，单击【确定】按钮；在弹出的【创建组件阵列】对话框中选【阵列定义】为【线性】，单击【确定】按钮；在随后的对话框中将【方向定义】选为【边】模式，选两棱边并按图 7-13 所示进行设置（要注意方向），单击【确定】按钮，完成限位钉的阵列

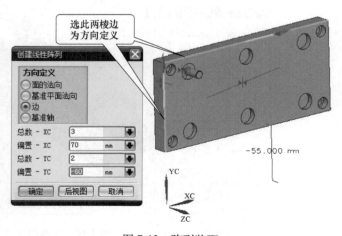

图 7-13 阵列装配

装配（提示：可以通过【分析】/【测量距离】来获得偏置距离）。

9）添加顶（推）杆固定板：单击 图标，通过打开文件夹方式找到 Ding（Tui）Gan-GuDingBan. prt 文件，定位方式为【通过约束】，单击【应用】按钮；在弹出的【装配约束】对话框中按图 7-14 所示进行设置，并选两个【接触】约束的面，单击【应用】按钮。

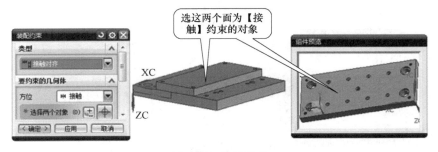

图 7-14　接触约束

10）通过下拉菜单将对话框【方位】栏中的【接触】更改为【对齐】，并选两侧面为【对齐】约束的面（图 7-15），单击【应用】按钮。

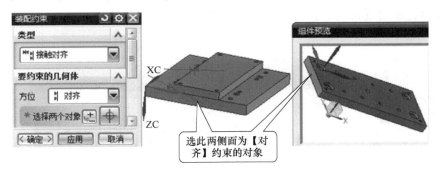

图 7-15　对齐约束

11）通过下拉菜单将对话框中的【类型】更改为【距离】，选两侧面为【距离】约束的面，设距离为−55mm（可勾选【在主窗口中预览组件】来观察装配情况），单击【确定】按钮，完成顶（推）杆固定板的添加，如图 7-16 所示。

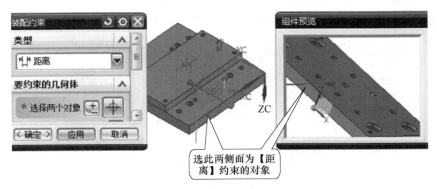

图 7-16　添加固定板

12）推板与顶（推）杆固定板间的紧固内六角螺钉装配：单击 图标，通过打开文件夹方式找到 NeiLiuJiaoLuoDing1.prt 文件，定位方式为【通过约束】，单击【应用】按钮；在弹出的【装配约束】对话框中按图 7-17 所示进行设置，并选两个【接触】约束的面，单击【应用】按钮。

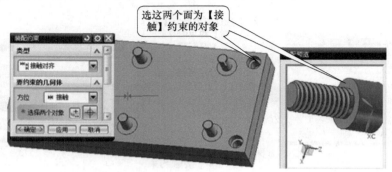

图 7-17　接触约束

13）通过下拉菜单将对话框中的【类型】更改为【同心】，选两棱边为【同心】约束（图 7-18），单击【确定】按钮，完成一个内六角螺钉的添加。

图 7-18　同心约束

同理（或通过【创建组件阵列】）完成其余内六角螺钉的添加装配。

14）装配垫块：单击 图标，通过打开文件夹方式找到 DianKuai.prt 文件，定位方式为【通过约束】，单击【应用】按钮；在弹出的【装配约束】对话框中按图 7-19 所示进行

图 7-19　接触约束

设置，并选两个【接触】约束的面，单击【应用】按钮。

15）通过下拉菜单将对话框中的【类型】更改为【同心】，通过【旋转】使垫块底面向下，选上方两孔棱边为【同心】约束的对象，单击【应用】按钮；再选下方两孔做【同心】约束（图 7-20），单击【确定】按钮，完成垫块的添加（提示：需做两次不同孔的同心约束才能使其装配约束完全）。同理，完成另一垫块的添加。

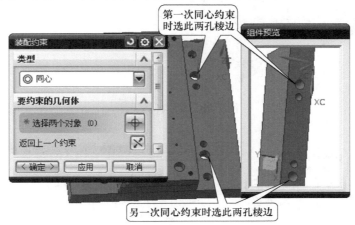

图 7-20　同心约束

16）与前述方法类似，完成定位销（DingWeiXiao. prt）、内六角螺钉（NeiLiuJiaoLuoD-ing3. prt 与 NeiLiuJiaoLuoDing4. prt）的装配，其结果如图 7-21 所示。

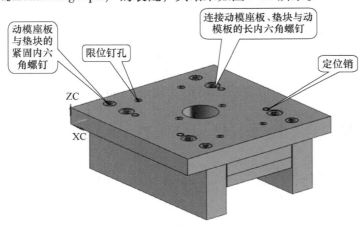

图 7-21　加入定位销、内六角螺钉

17）采用类似方法，利用【接触】【同心】约束在顶（推）固定板上添加拉料杆（LaLiaoGan. prt）、复位杆（FuWeiGan. prt）、顶杆（DingGan. prt）；利用【距离】【同心】约束在垫块上添加定位销（DingWeiXiao. prt）。其结果如图 7-22 所示。

18）装配动模板：单击 🔧 按钮，通过打开文件夹方式找到 DongMuBan. prt 文件，定位方式为【通过约束】，单击【应用】按钮；分别利用【中心】【接触】【对齐】约束装配好动模板，如图 7-23 所示。

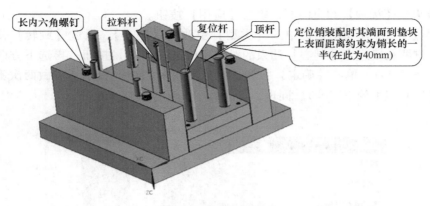

图 7-22　添加杆类零件

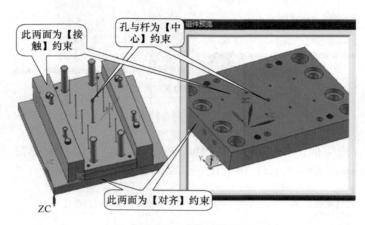

图 7-23　动模板装配

19）导柱的装配：采用类似方法，利用【接触】【同心】约束在动模板上添加导柱（DaoZhu. prt）。

20）型芯的装配：利用【接触】【同心】【平行】约束在动模板上添加型芯，如图 7-24 所示。

21）装配复位弹簧：单击 图标，通过打开文件夹方式找到 SPRING_CYLINDER_COM-PRESSION_1. prt 文件，注意此时将对话框中的【定位】方式改为【移动】，单击【应用】按钮，弹出【点】对话框，要求设置输出坐标，采用【自动判断的点】方式，以 捕捉图 7-25 所示中心位置，单击【确定】按钮，弹出【移动组

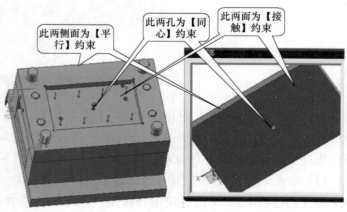

图 7-24　添加型芯

件】对话框，单击【确定】按钮，完成一个弹簧的装配。同理（或通过【创建组件阵列】）完成其余弹簧的装配。

22）水嘴的装配：利用【接触】【同心】约束在动模板上添加水嘴（ShuiZui.prt），最终完成动模部分的装配，如图 7-26 所示。

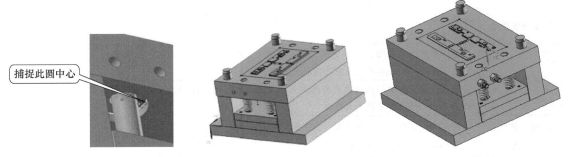

图 7-25　添加弹簧　　　　　　　　　　　图 7-26　添加水嘴

7.4　项目测试与学习评价

一、学习任务项目测试

测试 1
要求：完成注射模定模部分（图 7-27）的部装 CAD。
测试 2
要求：完成整个注射模（图 7-28）的总装 CAD 并生成爆炸视图和装配动画。

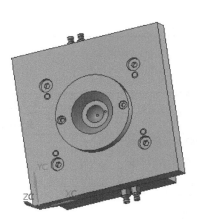

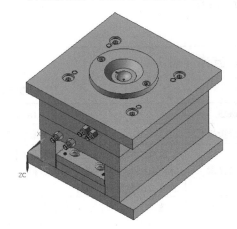

图 7-27　定模部分　　　　　　　　　　　图 7-28　注射模整体

二、学习评价

1. 自评（表 7-3）

表7-3 学生自评表

班级		组名		日期	年 月 日
评价指标	评价内容			分数	分数评定
信息检索	能有效利用网络、图书资源查找有用的相关信息等；能将查到的信息有效地传递到学习中			10	
感知课堂生活	熟悉数字化建模与制造岗位，认同工作价值；在学习中能获得满足感			10	
参与态度	能积极主动与教师、同学交流，相互尊重、理解；与教师、同学能够保持多向、丰富、适宜的信息交流			10	
	能处理好合作学习和独立思考的关系，做到有效学习；能提出有意义的问题或能发表个人见解			10	
知识（技能）获得	能正确进行约束配对和装配，使装配完全约束			20	
	能按要求完成注射模的部装、总装 CAD			20	
思维态度	能发现问题、提出问题、分析问题、解决问题、创新问题			10	
自评反馈	能按时按质完成任务；较好地掌握了知识点；具有较强的信息分析能力和理解能力；具有较为全面严谨的思维能力并能条理清楚地表达成文			10	
自评分数					
有益的经验和做法					
总结反馈建议					

2. 互评（表7-4）

表7-4 互评表

班级		组名		日期	年 月 日
评价指标	评价内容			分数	分数评定
信息检索	能有效利用网络、图书资源、工作手册查找有用的相关信息等；能用自己的语言有条理地去解释、表述所学知识；能将查到的信息有效地传递到工作中			10	
感知工作	熟悉工作岗位，认同工作价值；在工作中能获得满足感			10	
参与态度	积极主动参与工作，吃苦耐劳，崇尚劳动光荣、技能宝贵；与教师、同学相互尊重、理解；与教师、同学能够保持多向、丰富、适宜的信息交流			10	
	能探究式学习、自主学习，处理好合作学习和独立思考的关系，做到有效学习；能提出有意义的问题或能发表个人见解；能按要求正确操作；能倾听别人意见、协作共享			10	

（续）

班级		组名		日期	年　月　日
评价指标	评价内容			分数	分数评定
学习方法	学习方法得当，有工作计划；操作技能符合规范要求；能按要求正确操作；能获得进一步学习的能力			10	
工作过程	遵守管理规程，操作过程符合现场管理要求；平时上课的出勤情况和每天完成工作任务情况；善于多角度分析问题，能主动发现、提出有价值的问题			10	
思维态度	能发现问题、提出问题、分析问题、解决问题、创新问题			10	
知识与技能的把握	能按时按质完成工作任务；较好地掌握了以下专业技能点：装配顺序、装配约束、装配工具的运用、装配导航器的运用和爆炸视图的创建			30	
互评分数					
有益的经验和做法					
总结反馈建议					

3. 师评（表 7-5）

表 7-5　教师评价表

班级			组名			姓名	
出勤情况							
序号	评价内容	评价要点	考查要点	分数	分数评定标准		得分
一	问题回答与讨论	引导问题内容细节	发帖与跟帖	8	发帖与表达准确度		
			讨论问题		参与度、思路或层次清晰度		
二	学习任务实施	依据任务内容确定学习计划	分析装配步骤关键点准确	8	思路或层次不清扣 1 分		
			涉及知识、技能点准确且完整		不完整扣 1 分，分工不准确扣 1 分		
		建模过程	UG NX 装配设计；装配约束；装配顺序	65	过约束、欠约束分别扣 5 分		
			UG NX 装配导航器的应用；装配工具的运用；爆炸视图的创建；装配动画的生成		不能正确完成一个步骤扣 5 分		
三	总结	任务总结	依据自评分数	4			
			依据互评分数	5			
			依据个人总结评价报告	10	依据总结内容是否到位给分		
		合计		100			

7.5 第二课堂：拓展学习

1）依托 3D 动力社和创新创业孵化工作室，打造全国 3D 大赛的项目作品。

2）工程实战任务：完成机械手（图 7-29）装配 CAD。

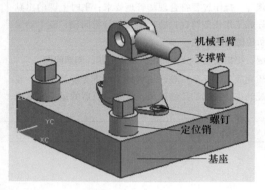

图 7-29　机械手

3）课后观看中央电视台播放的《大国工匠》《国之重器》《澎湃动力》等相关宣传片，增长学识，增强民族自豪感。

学习任务 8

UG NX 工程图

8.1 导学：学习任务布置与项目分析

一、任务描述

1. 任务书

客户：宜宾某模具公司。

产品：某电子产品外壳塑件及其注射模工程图（图8-1）。

背景：宜宾某模具公司基于客户要求，需出具某电子产品外壳塑件及其注射模的工程图。

技术要求：规范、完整。

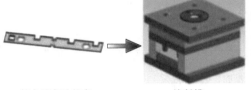

某电子产品盖壳   注射模

图 8-1 某电子产品外壳塑件及其注射模

2. 任务内容

在通盘了解注射模结构、二维工程图基本知识和技术标准、技术要求及相关注意事项，熟悉 UG NX 二维工程图设计基本操作思路和方法，熟知 UG NX 二维工程图界面和各指令应用的基础上，通过运用视图创建、视图管理和布局、视图标注等各指令，完成注射模型腔二维工程图的创建，来进一步理解 UG NX 的各主要功能模块；掌握 UG NX CAD 操作的基本方法，学会用 UG NX 出具机械产品的二维工程图。

3. 学习目标

1）使学生了解工程图的基础知识与基本操作。

2）能说出工程图模块的基本功能。

3）通过学习，掌握三视图的构建方法；掌握工程图尺寸标注、几何公差与表面粗糙度的标注方法；掌握剖视图、局部放大图等视图的构建方法。

4）能进行视图的编辑与管理；能进行几何公差、附加文本、表面粗糙度的标注；会进行局部剖与阶梯剖。

5）培养良好的工艺素质。

6）学会按标准绘图。

7）通过制图操作，培养一丝不苟的工匠精神。

二、问题引导与分析

1. 工作准备

1）阅读学习任务书，完成分组及组员间分工。

2）学习 UG NX 工程图操作。

3）完成塑件与注射模各零件及模具总装工程图操作任务。

4）展示作品，学习评价。

2. 任务项目分析与解构

此任务需要设计并输出塑件工程图、主要工作零件（型腔与型芯）的工程图及模具总装图。因此，先通过创建简单零件的二维工程图来进行练习，在熟练掌握 UG NX 二维工程图技能时，就可以完成相对复杂的塑件与型腔型芯及其注射模的总装配图，从而达成学习任务目标。

3. 获取资讯

引导问题 1：如何实现塑件及其注射模工作零件的工程图？完成表 8-1 的内容。

表 8-1　UG NX 工程图操作

零件	截取示意图	主要操作要点
塑件		
型腔、型芯		

引导问题 2：如何理解工程图的应用？工程图须严格按国家、行业与企业的规范及标准来进行绘制，这对于我们树立"守规矩、讲原则"的为人处世原则有何启迪？

引导问题 3：如何应用阶梯剖、局部剖、旋转剖等各种视图显示方法？它们各有何作用？有什么样的要求？

引导问题 4：如何完成工程图的标注？截图说明操作方法。

4. 工作计划

按照收集的信息和决策过程，根据软件建模处理步骤、操作方法、注意事项，完成表 8-2 的内容。

表 8-2　UG NX 塑件、型腔、型芯及其模具总装二维工程图 CAD 工作方案

步骤	工作内容	负责人
1		
2		
3		

8.2　UG NX 工程图设计基础

UG NX
工程图

1. UG NX 工程图的应用特点

1）利用 UG NX 的实体建模功能创建的零件和装配模型，可以引用到 UG NX 的工程图功能中，快速生成二维工程图。由于 UG NX 的 Drafting 功能是基于三维实体模型生成二维工程图，因此，工程图与三维实体模型是完全关联的，实体模型的尺寸、形状和位置的任何改变，都会引起二维工程图实时变化。

2）当用户在 UG 主菜单栏中选择【应用】/【制图】命令后，系统就进入工程图功能模块，并弹出工程图设计界面。

2. 制图模板文件的制作与导入

技术要点：进入 UG 建模，新建一个空文件，进入制图模块，新建图样，绘好模板；另存为与系统所带的相应模板文件同名的文件（如：A2-noviews-asm-template），然后复制到安装目录位置（如 E:\Program Files\Siemens\UG NX12.0\LOCALIZATION\prc\simpl_chinese\startup），将原来的模板文件替换即可。

制图模板制作：

（1）国标各代号图样规定参数　如图 8-2 所示。

幅面代号	A0	A1	A2	A3	A4
尺寸 $B \times L$	841×1189	594×841	420×594	297×420	210×297
c	10			5	
a	25				
e	20			10	

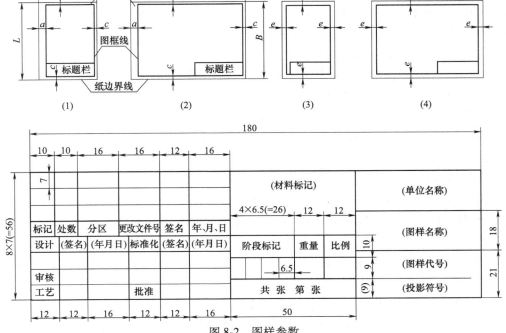

图 8-2　图样参数

（2）调出【曲线】工具条并进行设置　如图 8-3 所示。

（3）绘图框

1）进入 UG 建模，建立 A2. prt 模型文件。

2）依次单击【开始】/【制图】，进入工程图模块，单击 图标，按标准尺寸新建 A2 图样模板，其余设置为默认，通过【首选项】/【可视化】/【颜色/线型】将【单色显示】中的【背景】改为白色。

3）通过【工具条】选项卡下的【添加或移除】下拉按钮调出【定制】对话框，勾选【工具条】选项卡下的【曲线】选项，如图 8-4 所示。

图 8-3　【曲线】工具条

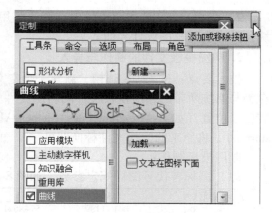

图 8-4　定制工具

4）单击 图标，弹出【直线】对话框，在【起点】选项下单击 图标，在【输出坐标】中输入（10，10），单击【确定】按钮，定出起点；在绘图区沿 X 方向输入长度 574mm，回车，在对话框中单击【应用】按钮，绘好一条横向图框边线；以 捕捉此图框边线端点，沿 Y 方向输入长度 400mm，回车，在对话框中单击【应用】按钮，绘好一条纵向图框边线；同理，绘出其他的两条边线。

5）单击 图标，弹出【直线】对话框，在【起点】选项下单击 图标，在【输出坐标】中输入（404，66），单击【确定】按钮，定出起点；在绘图区沿 X 方向输入长度 180mm，回车，在对话框中单击【应用】按钮，绘好标题栏上边线；以 捕捉此边线端点，沿 Y 方向输入长度 -56mm，回车，在对话框中单击【应用】按钮，绘好标题栏纵向边线，如图 8-5 所示。

6）单击 图标，弹出【直线】对话框，在【起点】选项下单击 图标，在【输出坐标】中输入（404，59），单击【确定】按钮，定出起点；在绘图区沿 X 方向输入长度 80mm，回车，在对话框中单击【应用】按钮，绘好一条长 80mm 的表框线，以此线为对象进行偏置。

7）在【曲线】工具条中单击【偏置曲线】图标 ，调出【偏置曲线】对话框，选上述所绘的表框线，输入距离 7mm，副本数 7，在【偏置平面上的点】栏下单击 图标，在弹出的【点】对话框的【偏置选项】下拉菜单中选【沿曲线】，选边线，单击【确定】按钮，回到【偏置曲线】对话框，注意以 调节偏置方向，单击【应用】按钮，生成偏置

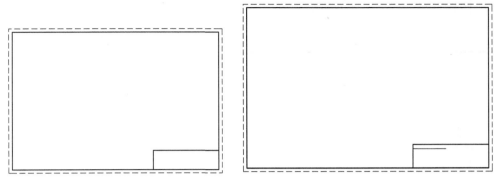

图 8-5　绘制边线

线，如图 8-6 所示。

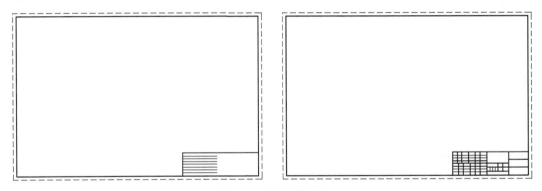

图 8-6　绘制标题栏

8）同理，按标题栏有关尺寸规定，完成其余曲线的绘制与偏置。

9）标题栏文字内容输入：单击 Ａ 图标，弹出【注释】对话框，在【编辑文本】栏下更改字符输入方式为 chinesef，并以中文输入法输入文字【工艺】，同时可以通过左边栏更改字符大小（提示：先选中字符，再通过后面的下拉数字菜单进行更改），在绘图区合适位置单击放入，如图 8-7 所示。

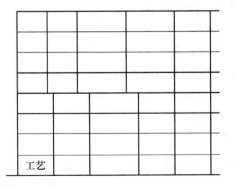

图 8-7　文本输入

10）同理，完成其余文字的输入，得到最终的 A2 制图模板，如图 8-8 所示。

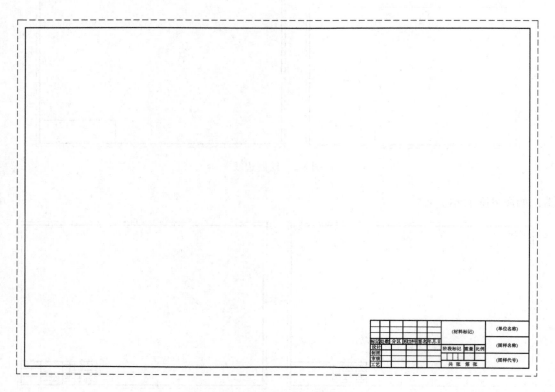

图 8-8　A2 制图模板

 8.3　案例 1：UG NX 工程图模板制作

1. 要求

完成 UG NX 工程图模板制作，此模板有较完整的图框和标题栏，可以在创建后续的零件二维工程图时进行调用。

2. 任务分析

进入 UG NX 建模，新建一个空文件，进入制图模块，新建图样，绘好模板；另存为与系统所带的相应模板文件同名的文件（如 A2-noviews-asm-template），然后复制到安装目录位置（如 E：\ Program Files \ Siemens \ UG NX 12. 0 \ LOCALIZATION \ prc \ simpl_chinese \ startup），将原来的模板文件替换即可。

3. 步骤

1）调出【曲线】工具条并进行设置。

2）进入 UG NX 建模，建立 A2. prt 模型文件。

3）依次单击【开始】/【制图】，进入工程图模块，单击图标，按【标准尺寸】新建

A2 图样模板，其余设置为默认，在【可视化】/【颜色/线型】的【单色显示】栏下将【背景】改为白色。

4）通过【工具条】选项卡下的【添加或移除】下拉按钮调出【定制】对话框，勾选【工具条】选项卡下的【曲线】选项，如图 8-9 所示。

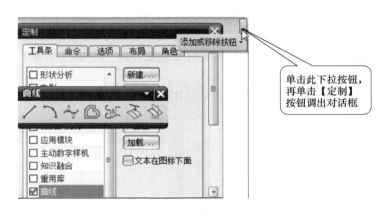

图 8-9　背景设置

5）单击 ╱ 图标，弹出【直线】对话框，在【起点】选项下单击 ➕ 图标，在【输出坐标】中输入（10，10），单击【确定】按钮，定出起点；在绘图区沿 X 方向输入长度 574mm，回车，在对话框中单击【应用】按钮，绘好一条横向图框边线；以 ╱ 捕捉此图框边线端点，沿 Y 方向输入长度 400mm，回车，在对话框中单击【应用】按钮，绘好一条纵向图框边线；同理，绘出其他两条边线。

6）单击 ╱ 图标，弹出【直线】对话框，在【起点】选项下单击 ➕ 图标，在【输出坐标】中输入（404，66），单击【确定】按钮，定出起点；在绘图区沿 X 方向输入长度 180mm，回车，在对话框中单击【应用】按钮，绘好标题栏上边线；以 ╱ 捕捉此边线端点，沿 Y 方向输入长度 -56mm，回车，在对话框中单击【应用】按钮，绘好标题栏纵向边线，如图 8-10 所示。

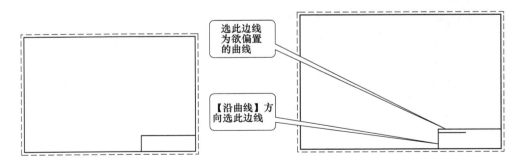

图 8-10　标题栏

7）单击／图标，弹出【直线】对话框，在【起点】选项下单击⊞图标，在【输出坐标】中输入（404，59），单击【确定】按钮，定出起点；在绘图区沿 X 方向输入长度 80mm，回车，在对话框中单击【应用】按钮，绘好一条长 80mm 的表框线，以此线为对象进行偏置。

8）在【曲线】工具条中单击【偏置曲线】图标◎，调出【偏置曲线】对话框，选上述所绘的表框线，输入距离 7mm，副本数 7，在【偏置平面上的点】栏中单击⊞图标，在弹出的【点】对话框【偏置选项】下拉菜单中选【沿曲线】选项，选边线，单击【确定】按钮，回到【偏置曲线】对话框，注意以╳调节偏置方向，单击【应用】按钮，生成偏置线，如图 8-11a 所示。

9）同理，按照标题栏有关尺寸规定，完成其余曲线的绘制与偏置，如图 8-11b 所示。

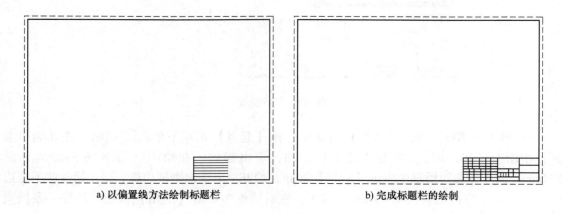

a) 以偏置线方法绘制标题栏　　　　　　　　b) 完成标题栏的绘制

图 8-11　绘制标题栏

10）标题栏文字内容输入：单击Ａ图标，弹出【注释】对话框，在【编辑文本】栏下更改字符输入方式为 chinesef，并以中文输入法输入文字【工艺】，如图 8-12 所示，同时可以通过左边栏更改字符大小，在绘图区合适位置单击放入。

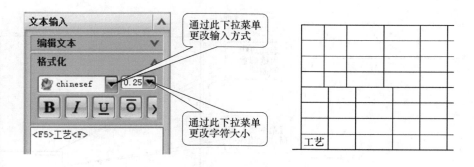

图 8-12　文本输入

11）同理，完成其余文字的输入，得到最终的 A2 制图模板，如图 8-13 所示。

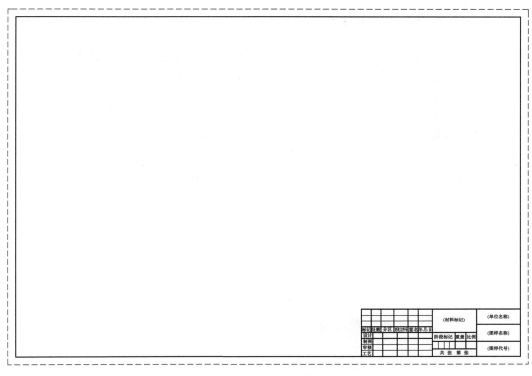

图 8-13　A2 制图模板

8.4　案例 2：简单零件(导套、定模座板)UG NX 工程图

一、案例任务 1：导套 UG NX 工程图

1. 要求

完成图 8-14 所示导套 UG NX 工程图。

2. 步骤

1）单击【制图】图标，进入制图模块，单击 图标，新建 A4 图样，依次单击【可视化】/【颜色/线型】/【单色显示】，将【背景】改为白色。

2）单击【视图】/【基本】图标 ，以前视图作为基本视图，在绘图区单击左键，生成基本视图，如图 8-15 所示。

3）单击 图标，弹出【剖视图】对话框；在绘图区选择基本视图边界（图 8-16），【剖视图】对话框中的

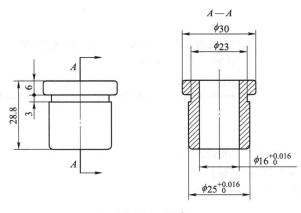

图 8-14　导套

121

图 8-15 生成基本视图

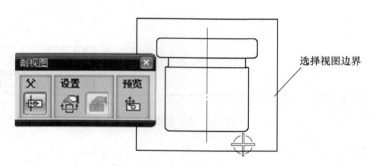

图 8-16 选择视图边界

内容发生变化，同时在绘图区弹出随光标移动的剖切铰链线符号。

4）选择图 8-17 所示圆弧中心（选其他的圆弧中心亦可），在基本视图左边空白处单击右键，生成全剖视图。

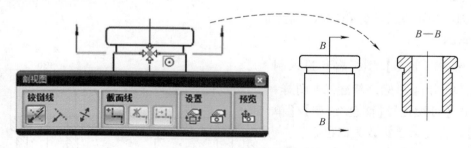

图 8-17 生成全剖视图

5）修改剖视图标签：选中剖视图上方的视图标签，单击右键，在弹出的菜单中选择【编辑视图标签】，弹出【视图标签样式】对话框，将【前缀】文本框中的内容清空，单击【确定】按钮，如图 8-18 所示。

6）尺寸标注：在图标工具栏中单击 图标，弹出【编辑尺寸】对话框，通过下拉箭头

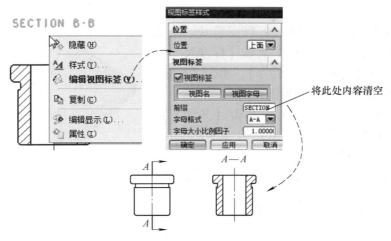

图 8-18　修改剖视图标签

将对话框中的【值】设置为双向公差，并保留小数点后三位有效数字，如图 8-19 所示。

7）在绘图区选需标【圆柱尺寸】的两条边线，将尺寸线拉出，在适当位置单击左键，生成圆柱尺寸，双击此尺寸的偏差，修改上、下限的数值，回车，关闭【编辑尺寸】对话框，通过鼠标将尺寸拖动（选中对象后按住左键不放）到合适位置，完成此圆柱尺寸的标注。同理，完成圆柱水平方向其余尺寸的标注，如图 8-20 所示。

图 8-19　编辑尺寸

8）同理，在图标工具栏中单击工图标，完成竖直方向的尺寸标注，如图 8-21 所示。

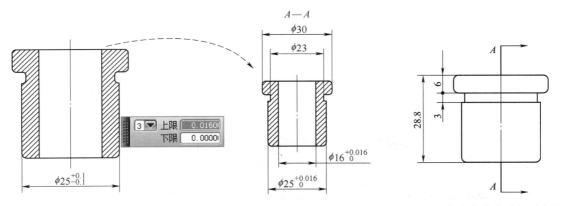

图 8-20　完成圆柱水平方向尺寸标注　　　　图 8-21　完成竖直方向尺寸标注

二、案例任务 2：定模座板 UG NX 工程图

1. 要求

完成图 8-22 所示定模座板的 UG NX 工程图。

2. 步骤

1）单击【制图】图标进入工程图模块，单击 图标，在【图样页】对话框中点选【标准尺寸】，选用 A3 图样，点选【基本视图命令】，单击【确定】按钮，单击左键将主视图放到绘图区的合适位置，生成定模座板基本视图（图 8-23），单击【关闭】按钮；通过【可视化】/【颜色/线型】的【单色显示】栏将【背景】改为白色。

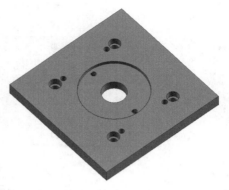

图 8-22 定模座板

2）阶梯剖：单击【角色】图标 ，选 角色高级 或 角色 具有完整菜单的高级功能 ；依次单击【视图】/【截面】/【折叠剖】，在绘图区选导入的主视图，则【折叠剖视图】对话框界面发生变化，如图 8-24 所示。

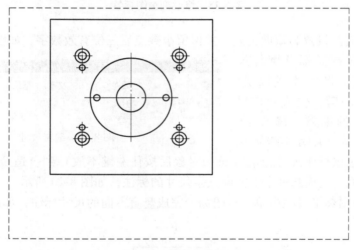

图 8-23 生成基本视图

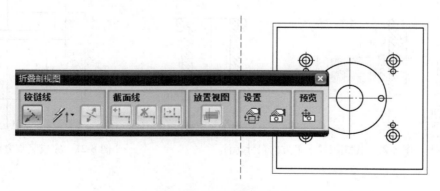

图 8-24 设置折叠剖视图

在【折叠剖视图】对话框中单击 下拉菜单，选择 ，则对话框中【截面线】栏【添加段】图标 变为高亮可用，以光标分别在图 8-25 所示 3 处单击添加截面线段，弹出剖切铰链线，单击 置置视图 ⊞ ，将折叠剖视图放置在绘图区右边合适位置，并对【视图标签】进行清空修改（方法同前述章节）。

3）尺寸标注：

①利用尺寸标注图标工具对有关尺寸进行标注，方法与前述章节类似。

②尺寸样式的修改：选中标注的尺寸，右键单击【样式】，在尺寸栏下方将文本在尺寸线上方改为【对齐】方式，在文字栏将【字符大小】改为 6.5，单击【确定】按钮。

③尺寸公差的标注：双击要标注公差的尺寸，弹出【编辑尺寸】对话框，在【值】的下拉菜单中设置【双向公差】1.00 +.05 −.02，双击尺寸公差，进行上限值与下限值的修改，回车确认，关闭对话框，并调整公差字符大小（方法与尺寸的字符大小调整类似）。

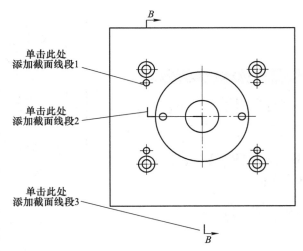

图 8-25 创建折叠剖铰链线

④螺纹的标注：选中要标注螺纹的尺寸，右键单击 A 编辑附加文本 ，完成尺寸的标注，如图 8-26 所示。

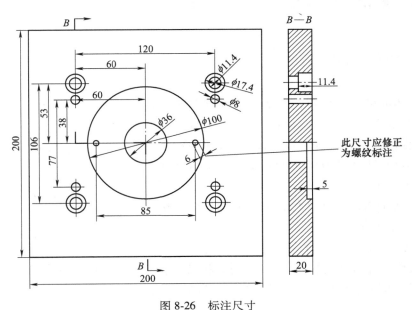

图 8-26 标注尺寸

⑤在【文本编辑器】对话框中进行相应设置（图 8-27），关闭对话框，采用与前文相同的方法调整附加文本字符大小。

⑥同理，进行其他附加文本的标注，最终完成工程图的设计，如图 8-28 所示。

图 8-27　编辑文本

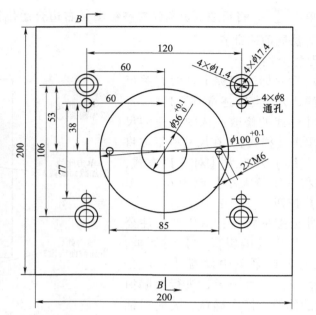

图 8-28　完成工程图

8.5　案例 3：较复杂零件（型腔）工程图

1. 要求

完成图 8-29 所示型腔工程图。

2. 步骤

1）将前述的模板文件重命名为与系统所带的相应模板文件同名的文件（如 A2-noviews-asm-template），然后复制到安装目录位置（如 E：\Program Files \Siemens \UG NX 12. 0\LOCALIZATION\prc \simpl_chinese\startup），将原来的模板文件替换。

2）打开 XingQiang. prt 文件，进入制图模块，单击 图标，建立新图样，在弹出的【图样页】对话框中选用【模板】A2，单击【确定】按钮。

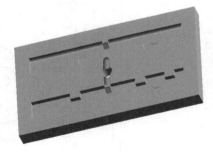

图 8-29　型腔

3）依次单击【可视化】/【颜色/线型】，将【单色显示】栏中的【背景】改为白色，单击【插入】/【视图】/【基本】 ，以仰视图作为基本视图，比例为 2：1，在绘图区单击，生成基本视图。

4）生成全剖视图：单击 图标，选择基本视图边框，以【自动判断铰链线】 方式选最中间的圆心，在绘图区右边单击，生成全剖视图，如图 8-30 所示。

5）生成折叠剖：先作辅助线，通过【定制】调出【曲线】工具条，单击 图标，再依次单击【插入】/【视图】/【截面】/【折叠剖】 ，弹出【折叠剖视图】对话框，选基本视

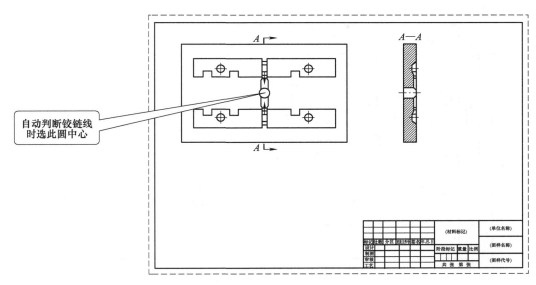

图 8-30 生成全剖视图

图边框，在对话框的 ⌇ 栏下选-X 方向，保持截面线【添加段】图标 ⬚ 高亮可用，定义图
8-31 所示 B—B 段铰链线（提示：可先作辅助线，通过【定制】调出【曲线】工具条，运
用 ✎ 命令作与 B—B 段铰链线位置大致相近的折线，然后运用滚轮放大功能，通过光标大致
确定铰链线折点位置，从而得铰链线），在下方生成折叠剖面视图，如图 8-31 所示。

6）尺寸与尺寸公差标
注：参照前述章节方法对尺
寸及其公差进行标注，如图
8-32 所示。

7）几何公差标注：

①平面度标注：在图标
工具栏中单击 ▭ （或依次
单击【插入】/【注释】/【特
征控制框】），弹出【特征
控制框】对话框，单击对
话框中【指引线】栏下的
【选择中止对象】命令按钮
🖼，在绘图区选择上平面，【框】特性选 ▱ 平面度，【框样式】选用默认的 ⊞ 单框，在【公

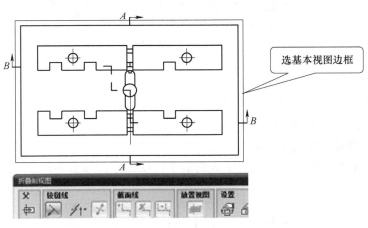

图 8-31 创建折叠剖视图

差】栏下输平面度公差值 0.01（图 8-33），在空白处合适位置单击左键，完成上表面的
平面度标注。

②上、下表面平行度的标注：在图标工具栏中单击 🅰（或依次单击【插入】/【注释】/【基
准特征符号】），弹出【基准特征符号】对话框，选用默认的 ⊢ 基准类型，在【样式】栏下完
成合适的设置，单击对话框中【指引线】栏下【选择中止对象】命令按钮 🖼，在绘图区选
择下平面，完成基准面的标注。在图标工具栏中单击 ▭ （或依次单击【插入】/【注释】/【特

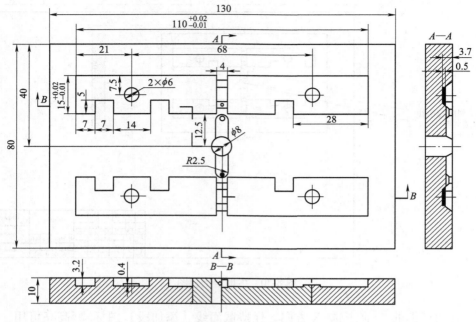

图 8-32 尺寸及其公差标注

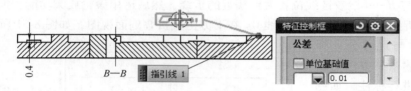

图 8-33 几何公差标注

征控制框】），弹出【特征控制框】对话框，单击对话框中【指引线】栏下【选择中止对象】命令按钮，在绘图区选择上平面，【框】特性选∥ 平行度，【框样式】选用默认的 单框，在【公差】栏下输平行度公差值 0.02，【第一基准参考】选择 A，在空白处合适位置单击左键，完成上、下表面的平行度标注，如图 8-34 所示。

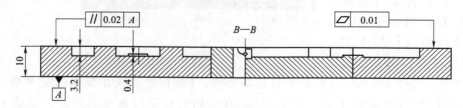

图 8-34 平行度标注

8）表面粗糙度的标注：在图标工具栏中单击√（或依次单击【插入】/【注释】/【表面粗糙度符号】），弹出【表面粗糙度】对话框，单击对话框中【指引线】栏下【选择中止对象】命令按钮，在绘图区选择上平面，在【属性】栏选择√ 需要移除材料，对【上部文本】

与【下部文本】分别按图 8-35 进行设置，在空白处合适位置单击左键，完成上表面的表面粗糙度标注。

图 8-35　表面粗糙度标注

9）技术要求的标注：在图标工具栏中单击 **A**（或依次单击【插入】/【注释】），弹出【注释】对话框，进行文字输入和字体设置，在绘图区空白处合适位置单击左键，完成技术要求的标注，如图 8-36 所示。

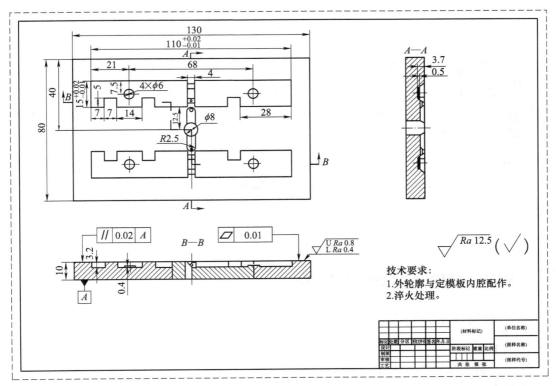

图 8-36　技术要求标注

8.6 过关训练：塑件 UG NX 工程图

要求：完成图 8-37 所示塑件工程图。

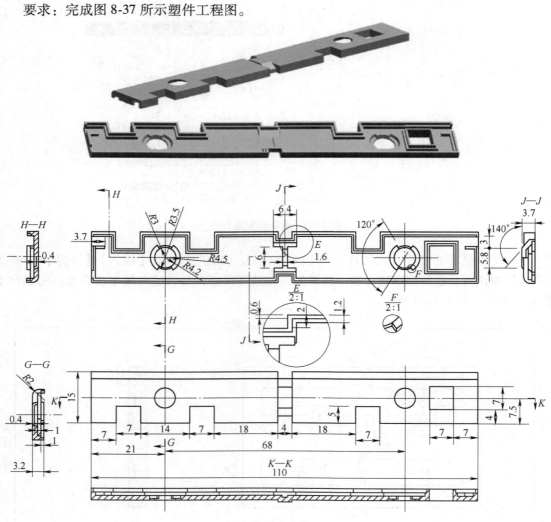

图 8-37 塑件

8.7 项目测试与学习评价

一、学习任务项目测试

测试 1

要求：完成图 8-38 所示定位圈的建模与工程图的创建。

测试 2

要求：完成图 8-39 所示动模座板的建模与工程图。

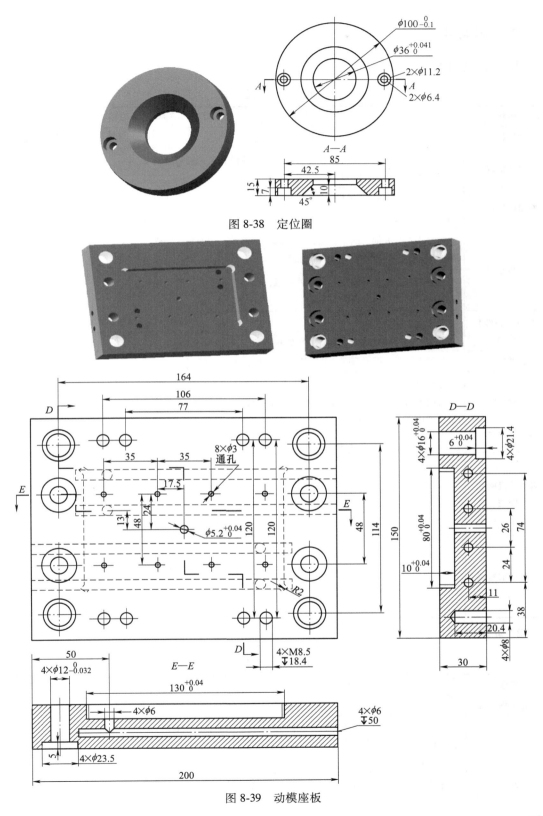

图 8-38　定位圈

图 8-39　动模座板

二、学习评价

1. 自评（表 8-3）

表 8-3　学生自评表

班级		组名		日期	年　月　日
评价指标	评价内容			分数	分数评定
信息检索	能有效利用网络、图书资源查找有用的相关信息等；能将查到的信息有效地传递到学习中			10	
感知课堂生活	熟悉数字化建模与制造岗位，认同工作价值；在学习中能获得满足感			10	
参与态度	积极主动与教师、同学交流，相互尊重、理解；与教师、同学能够保持多向、丰富、适宜的信息交流			10	
	能处理好合作学习和独立思考的关系，做到有效学习；能提出有意义的问题或能发表个人见解			10	
知识（技能）获得	能正确创建视图			20	
	能按要求完成产品的二维工程图创建			20	
思维态度	能发现问题、提出问题、分析问题、解决问题、创新问题			10	
自评反馈	能按时按质完成任务；较好地掌握了知识点；具有较强的信息分析能力和理解能力；具有较为全面严谨的思维能力并能条理清楚地表达成文			10	
自评分数					
有益的经验和做法					
总结反馈建议					

2. 互评（表 8-4）

表 8-4　互评表

班级		组名		日期	年　月　日
评价指标	评价内容			分数	分数评定
信息检索	能有效利用网络、图书资源、工作手册查找有用的相关信息等；能用自己的语言有条理地去解释、表述所学知识；能将查到的信息有效地传递到工作中			10	
感知工作	熟悉工作岗位，认同工作价值；在工作中能获得满足感			10	

（续）

班级		组名		日期	年　月　日
评价指标	评价内容			分数	分数评定
参与态度	积极主动参与工作，吃苦耐劳，崇尚劳动光荣、技能宝贵；与教师、同学相互尊重、理解；与教师、同学能够保持多向、丰富、适宜的信息交流			10	
	能探究式学习、自主学习，处理好合作学习和独立思考的关系，做到有效学习；能提出有意义的问题或能发表个人见解；能按要求正确操作；能倾听别人意见、协作共享			10	
学习方法	学习方法得当，有工作计划；操作技能符合规范要求；能按要求正确操作；能获得进一步学习的能力			10	
工作过程	遵守管理规程，操作过程符合现场管理要求；平时上课的出勤情况和每天完成工作任务情况；善于多角度分析问题，能主动发现、提出有价值的问题			10	
思维态度	能发现问题、提出问题、分析问题、解决问题、创新问题			10	
知识与技能的把握	能按时按质完成工作任务；较好地掌握了以下专业技能点：全剖、阶梯剖、半剖视图的创建；尺寸及其公差的标注、图框的绘制、几何公差与技术要求的标注等			30	
互评分数					
有益的经验和做法					
总结反馈建议					

3. 师评（表 8-5）

表 8-5　教师评价表

班级			组名		姓名	
出勤情况						
序号	评价内容	评价要点	考查要点	分数	分数评定标准	得分
一	问题回答与讨论	引导问题内容细节	发帖与跟帖	8	发帖与表达准确度	
			讨论问题		参与度、思路或层次清晰度	

（续）

班级			组名			姓名	
出勤情况							
序号	评价内容	评价要点	考查要点	分数	分数评定标准		得分
二	学习任务实施	依据任务内容确定学习计划	分析二维工程图创建步骤关键点准确	8	思路或层次不清扣 1 分		
			涉及知识、技能点准确且完整		不完整扣 1 分，分工不准确扣 1 分		
		二维图创建过程	视图的表达、视图的创建与布局	65	不合理、不清楚分别扣 5 分		
			全剖、阶梯剖、半剖视图的创建；尺寸及其公差的标注、图框的绘制、几何公差与技术要求的标注等		不能正确完成一个步骤扣 5 分		
三	总结	任务总结	依据自评分数	4			
			依据互评分数	5			
			依据个人总结评价报告	10	依据总结内容是否到位给分		
		合计		100			

 ## 8.8 第二课堂：拓展学习

1）依托 3D 动力社和创新创业孵化工作室，对拟参加全国 3D 大赛的项目作品通过二维工程图进行表达。

2）依托企业生产实训基地，了解工程图相关知识及设计技能，对接企业生产；工程实战任务：进入学校合作企业参观学习零件图的绘制，辅助技术人员完成简单零件工程图绘制。

3）课后观看中央电视台播放的《大国工匠》《国之重器》《澎湃动力》等相关宣传片，增长学识，增强民族自豪感。

CAM基本认知与UG NX二维平面铣

9.1 导学：学习任务布置与项目分析

一、任务描述

1. 任务书

客户：宜宾某模具公司。

产品：某方形凸模零件。

背景：宜宾某模具公司基于客户要求，需完成某方形凸模零件（图9-1）CAM。

技术要求：规范、完整。

2. 任务内容

图9-1　某方形
凸模零件

在通盘了解 CAM 基础知识、加工工艺基本知识、平面铣基础知识和技术标准、技术要求及相关注意事项的基础上，熟悉 UG NX 二维平面铣基本操作思路和方法；熟悉 UG NX 加工界面和各指令应用，通过建模、拟定加工方案、设置刀具组与几何体、设置加工方法等，完成方形凸模零件上表面 UG NX 二维平面铣 CAM 的创建，来进一步理解 UG NX 的各主要功能模块；掌握 UG NX 操作的基本方法，学会产品的 UG NX 二维平面铣加工方法。

3. 学习目标

1）使学生了解 CAM 的基础知识与基本操作。

2）能说出 UG NX 加工模块的基本功能。

3）了解模具 CAM 的发展与应用动向。

4）熟悉 UG NX CAM 模块的基本界面。

5）培养良好的工艺素质。

6）能完成简单凸模零件上表面 UG NX 二维平面铣的编程及加工。

7）建立规范设计与规范生产的职业意识。

二、问题引导与分析

1. 工作准备

1）阅读学习任务书，完成分组及组员间分工。

2）学习 UG NX 加工编程操作。

3）完成方形凸模零件上表面二维平面铣操作任务。

4）展示作品，学习评价。

2. 任务项目分析与解构

此凸模零件按结构特点分为上表面的加工与外轮廓的加工。此任务为第一个细项。因上表面加工比较简单，在此只需通过二维平面铣就可完成。由于本零件为凸模，精度要求较高，需分为粗加工与精加工分别进行。在程序编制中，主要完成建模、加工方案拟定、节点组（刀具、几何体、加工方法等）的定义与设置、工序编制、生成刀轨与刀轨仿真，初步学会 UG NX 二维平面铣的操作，从而达成本次学习任务目标。

3. 获取资讯

引导问题 1：如何理解 UG NX 加工模块的功能与应用？完成表 9-1 的内容。

表 9-1　块体零件上表面 UG NX 二维平面铣操作

操作	截取示意图	主要操作要点
UG NX 铣削加工编程通用过程		
UG NX 铣削加工界面与工具条		

引导问题 2：如何理解平面铣的特点与应用？UG NX 二维平面铣有哪些主要操作步骤？

引导问题 3：如何对刀具组、几何体、加工方法等各节点进行定义与设置？它们各有何作用？有什么样的要求？

引导问题 4：如何完成方形凸模零件上表面 UG NX 二维平面铣？零件加工的常用顺序如何？

4. 工作计划

按照收集的信息和决策过程，根据软件编程处理步骤、操作方法、注意事项，完成表 9-2 的内容。

表 9-2　块体零件的上表面 UG NX 二维平面铣工作方案

步骤	工作内容	负责人
1		
2		
3		

 ## 9.2　CAM 基本认知

一、CAM 基本知识

1. CAM 是什么

CAM 是 Computer Aided Manufacturing 的英文缩写，中文含义为计算机辅助制造。

2. UG NX CAM 的特点

1）提供可靠、精确的刀具路径。

2）能直接在曲面及实体上加工（实现 3D 加工）。

3）允许使用者根据工作需要定制界面，并设置快捷键，提高操作效率。

4）提供多样性加工方式，方便 NC 编程工程师编写各种高效率刀具路径。

5）提供完整的刀具库及加工参数库管理功能，使新手能充分利用资深人员的经验，设计优良的刀具路径。

6）提供通用型后处理功能，产生适用于各种机床的 NC 程序，并能根据要求定制相关功能，如刀具信息、加工时间等。

7）可进行二次开发，辅助编程加工。

8）UG NX CAM 包含二轴到五轴铣削、线切割、大型刀具库管理、实体模拟切削及通用型后处理器等功能。

二、UG NX 数控编程基本步骤

1. 设置加工环境

通过调用如下指令，进行加工环境的设置：【创建模型】/【应用】/【加工】/【设置加工环境（选加工配置）】/【初始化】。

2. 数控编程

数控编程基本流程为：【创建毛坯】/【创建父节点组】/【创建操作】/【设置加工参数】/【生成刀轨并校验】/【后置处理】。

（1）根据零件形状创建毛坯

1）由毛坯形状确定走刀轨迹，生成加工程序。

2）毛坯可用来定义加工范围，便于控制加工区域。

3）可利用毛坯来进行实体模拟，验证刀轨是否合理。

（2）创建父节点组　管理加工顺序、加工坐标系、加工对象、刀具、加工方法。

1）系统自带父节点组（4 种）：程序、几何体、刀具、加工方法。

2）父节点组中存在的信息会被其下属的各种操作继承。

3）在"操作导航器"中进行父节点组的管理查询。

（3）创建操作 单击【插入】/【操作】（或单击【加工生成】工具条上的 图标），单击【类型】（选加工方法）（若开发了其他加工方法，可通过【浏览】选项进行添加），单击【子类型】（确定走刀方式）。

（4）设置加工参数 如切削速度、进给量（进给速度）、背吃刀量、安全距离、顺/逆铣方式、进刀/退刀方式等。

（5）生成刀轨并校验

1）刀轨验证方式：回放、3D 动态模拟、2D 动态模拟。

2）单击每一步操作对话框后的图标，就可进行刀轨的验证。

3）验证，包括干涉、过切、尺寸要求、零件质量等。

（6）后置处理 读取刀具路径文件，提取加工信息，按指定的数控机床特点及 NC 程序的格式要求进行分析处理，生成 NC 程序。

三、CAM（UG NX）用户界面

UG NX CAM 用户界面如图 9-2 所示。

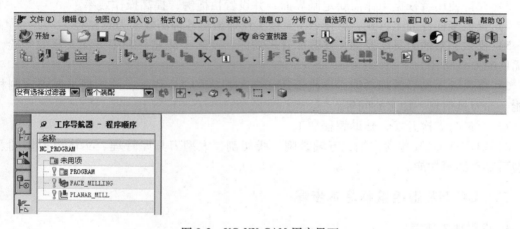

图 9-2 UG NX CAM 用户界面

四、平面铣主要知识

平面铣是一种 2.5 轴的加工方式，它在加工过程中产生在水平方向的 X、Y 两轴联动，而 Z 轴方向只在完成一层加工后进入下一层时才做单独的动作。

平面铣操作的步骤如下：

1）创建平面铣操作。

2）设置平面铣的父节点组。

3）设置平面铣操作对话框。

4）生成平面铣操作并检验。

平面铣子类型主要有 15 种，具体见表 9-3。

表 9-3　平面铣子类型

英文	中文	说　明
MILL-PLANAR	平面铣	用平面边界定义切削区域，切削到底平面
FACE-MILLING-AREA	表面区域铣	以面定义切削区域的表面铣
FACE-MILLING	表面铣	基本的面切削操作，用于切削实体上的平面
FACE-MILLING-MANUAL	表面手动铣	默认切削方法为手动的表面铣
PLANAR-PROFILE	平面轮廓铣	默认切削方法为轮廓铣削的平面铣
ROUGH-FOLLOW	跟随零件粗铣	默认切削方法为跟随零件切削的平面铣
ROUGH-ZIGZAG	往复式粗铣	默认切削方法为往复式切削的平面铣
ROUGH-ZIG	单向粗铣	默认切削方法为单向切削的平面铣
CLEARUP-CORNERS	清理拐角	使用来自前一操作的二维 IPW，以跟随部件切削类型进行平面铣
FINISH-WALLS	精铣侧壁	默认切削方法为轮廓铣削，默认深度为只有底面的平面铣
FINISH-FLOOR	精铣底面	默认切削方法为跟随零件铣削，默认深度为只有底面的平面铣
THEARD-MILLING	螺纹铣	建立加工螺纹的操作
PLANAR-TEXT	文本铣削	对文字曲线进行雕刻加工
MILL-CONTROL	机床控制	建立机床控制操作，添加相关后处理命令
MILL-USER	自定义方式	自定义参数建立操作

9.3　案例 1：UG NX 二维平面铣加工平面

要求：利用二维线框加工平面（长 200mm，宽 100mm，铣削深度为 10mm）。

1. 建模

创建图 9-3 所示矩形框，它在 X 方向长 200mm，Y 方向长 100mm，顶点坐标为（0，0，0）。

2. 根据零件加工要求确定出加工方案

机床为 3 轴立式加工中心，刀具为 ϕ63mm 面铣刀，分为粗、精加工两步完成。精加工余量为 0.5mm。

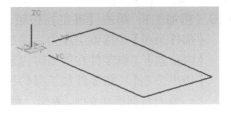

图 9-3　建草图

3. 加工环境初始化

单击【应用】/【加工】，在【CAM 进程配置】列表框中选【cam_general】，在【CAM 设置】列表框中选【mill_planar】，单击【初始化】。此时增加了【操作导航器】与【机床建造器】，可查询各父节点之间的关系，可编辑、删除、添加。

4. 创建刀具组

铣较大的平面，选 ϕ63mm 面铣刀（根据零件加工要求、形状、加工范围来选择）。

1）单击【插入】/【刀具】（或单击【加工生成】工具条上的 图标）。

2）选择【类型】为【mill_planar】（平面铣）。

3）选择【父本组】为【GENERIC MACHINE】。

4）刀具【名称】为 MXD63（刀具名常为中文名每字第一字母加主要参数），单击【确定】（或【应用】）按钮，单击【操作导航器】图标 ⬚，将光标放在空白处单击右键，在弹出的菜单中选【机床（刀具）视图】，双击选中的刀具，可在对话框中修改。

5. 创建几何体（有"创建坐标系""创建工件""创建边界"等多项内容。因本例只有一道工序，故在此仅创建坐标系）

1）单击【插入】/【几何体】（或单击【加工生成】工具条上的 ⬚ 图标），选【类型】为【mill_planar】；选【子类型】中的图标 ⬚；选【父本组】为【GEOMETRY】；【名称】为 ZBX。

2）单击【确定】按钮，弹出【机床坐标系】对话框（建模处出现带"M"标记的加工坐标系，可根据需要拖动此坐标系，改变位置或坐标轴方向。在对话框中还可自行对坐标系的原点、坐标方向等进行设置）。

3）勾选【保存层的设置】，设置【安全平面】：勾选对话框中的【间歇】复选框，单击其下方的【指定】按钮，弹出【平面构造】对话框；单击 ⬚ 图标，在【偏置】中输入 20，依次单击【应用】（坐标系附近出现一个小三角形，代表安全平面)/【确定】/【确定】按钮。

6. 创建加工方法（设置粗加工、半精加工、精加工等工序及零件的余量、公差，指定加工参数及刀路显示的方式等）

注意：应根据零件的实际工艺要求来设置加工方法。本例仅需粗、精加工，而有的零件需设置多种加工方法。

（1）粗加工方法设置

1）单击【插入】/【方法】（或单击【加工生成】工具条上的 ⬚ 图标），弹出【创建方法】对话框，选【类型】为【mill_planar】，【父本组】为【METHOD】，【名称】为 CJG（粗加工），单击【确定】按钮，在【MILL-METHOD】对话框中设置：

【部件余量】（指该工序为后续加工留的余量，由工艺要求设置）：此处设为 0.5mm。

【内公差】（指零件在加工时内部的尺寸精度）：此处设为 0.03mm。

【切出公差】（指零件加工时的尺寸精度）：此处设为 0.12mm。

2）单击对话框中的 ⬚ 图标，弹出【进给率与速度】对话框，设【进刀】【第一刀切削】【步进】【剪切】为 150mm/min，其余为 0（表示将以 G00 的速度走刀）；单击 ⬚ 图标，弹出【刀路显示颜色】对话框（可默认）；单击 ⬚ 图标，弹出【显示选项】对话框，单击【确定】按钮。

（2）精加工方法设置

1）单击【插入】/【方法】（或单击【加工生成】工具条上的 ⬚ 图标），弹出【创建方法】对话框，选【类型】为【mill_planar】，【父本组】为【METHOD】，【名称】为 JJG（精加工），单击【确定】按钮，在【MILL-METHOD】对话框中设置【部件余量】为 0、【内公差】为 0.03mm、【切出公差】为 0.03mm。

2）在对话框中单击 ⬚ 图标，弹出【进给率与速度】对话框，设置【进刀】【第一刀切削】【步进】【剪切】为 100mm/min，其余为 0；单击 ⬚ 图标，弹出【刀路显示颜色】对话框（可默认）；单击 ⬚ 图标，弹出【显示选项】对话框，单击【确定】按钮。

提示：打开【操作导航器】，在空白处单击鼠标右键，选【加工方法视图】。双击可修改。

7. 创建操作

（1）粗加工操作的设置

1）单击【插入】/【操作】（或单击【加工生成】工具条上的图标），弹出【创建操作】对话框，选【类型】为【mill_planar】，【子类型】为【FACE-MILLING】，【程序】为【NC-PROGRAM】，【使用几何体】为【ZBX】，【使用刀具】为【MXD63】，【使用方法】为【CJG】，【名称】为 CXPM，单击【确定】按钮。

2）在弹出的【FACE-MILLING】对话框中单击【几何体】选项组下的图标，弹出【面几何体】对话框，单击【选择】，选【过滤器类型】为 $\int$（用曲线来定义零件几何体），分别选择矩形的 4 条边，单击【生成下一个边界】，单击【确定】按钮。

3）在返回的【FACE-MILLING】对话框中选【切削方式】为（往复走刀），设置行距为刀具直径的 75%，【毛坯距离】为 10mm，【每一刀的深度】为 4mm，最终底面由于在粗加工方法中设了余量，则这里设置为 0。

4）在【FACE-MILLING】对话框中单击【机床】，弹出【机床控制】对话框，单击【开始刀轨事件】后的【编辑】图标，弹出【用户自定义事件】对话框，选【可用的列表】下的【coolant on】，单击【添加新事件】，弹出【冷却液开】对话框，在【类型】栏选【液态】。依次单击【确定】/【确定】/【确定】按钮，回到【FACE-MILLING】对话框，单击生成刀具轨迹图标，弹出【显示参数】对话框，取消勾选复选框中的选项，单击【确定】按钮（毛坯余量为 10mm，每次切削深度为 4mm，则刀轨 3 层可见）。

5）验证：在【FACE-MILLING】对话框单击确认刀具轨迹图标，弹出【可视化刀轨轨迹】对话框，单击【回放（重播）】，调整到合适的仿真速度，单击播放按钮▼，依次单击【确定】按钮关闭对话框。

（2）精加工操作的设置

1）单击【插入】/【操作】（或单击【加工生成】工具条上的图标），弹出【创建操作】对话框，选【类型】为【mill_planar】、【子类型】为【FACE-MILLING】、【程序】为【NC-PROGRAM】，【使用几何体】为【ZBX】、【使用刀具】为【MXD63】、【使用方法】为【JJG】、【名称】为 CXPM，单击【确定】按钮。

2）在弹出的【FACE-MILLING】对话框中单击【几何体】选项组下的图标，弹出【面几何体】对话框，选【过滤器类型】为 $\int$（用曲线来定义零件几何体），分别选择矩形的 4 条边，单击【生成下一个边界】，单击【确定】按钮。

3）在【FACE-MILLING】对话框中选【切削方式】为（往复走刀），设置行距为刀具直径的 75%，【毛坯距离】为 0.5mm，【每一刀的深度】为 4mm，最终底面由于在粗加工方法中设置了余量，则这里设置为 0。

4）在【FACE-MILLING】对话框中单击【机床】，弹出【机床控制】对话框，单击【开始刀轨事件】后的【编辑】图标，弹出【用户自定义事件】对话框，选【可用的列表】下的【coolant on】，单击【添加新事件】，弹出【冷却液开】对话框，在【类型】栏中选【液态】。依次单击【确定】/【确定】/【确定】按钮，回到【FACE-MILLING】对话框，单击生成刀具轨迹图标 ，弹出【显示参数】对话框，取消勾选复选框中的选项，单击【确定】按钮。

8. 验证

在【FACE-MILLING】对话框中单击确认刀具轨迹图标，弹出【可视化刀轨轨迹】对话框，选【回放】，调整到合适的仿真速度，单击播放按钮▼，再依次单击【确定】/【确定】按钮退出对话框。

9.4 案例 2：平底内腔的二维平面铣

1. 要求

如图 9-4 所示，创建 2D 加工程序，凹槽深度为 3mm，侧壁为直壁，刀具为直径 8mm 的平底刀。

2. 任务分析

本次工作任务为凹模内腔加工，且为平底、直壁，运用 UG NX 2D 线廓平面铣即可实现本次加工。

3. 步骤

1）建模：完成上述二维草图的创建。

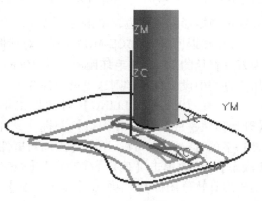

图 9-4 内腔平面铣

2）单击【开始】/【加工】 ，进行加工环境设置，选择【mill planar】，单击【确定】按钮，进入加工模块。

3）单击【创建工序】按钮 ，在弹出的【创建工序】对话框中按如图9-5 所示设置，单击【确定】按钮。

4）在弹出的【平面铣】对话框中单击【几何体】栏后的【新建】按钮 ，弹出【新建几何体】对话框，【子类型】选择 ，其余以默认设置，单击【确定】按钮，弹出【MCS】对话框，以默认设置，单击【确定】按钮，返回【平面铣】对话框，如图 9-6 所示。

5）同理，分别单击【刀具】栏后的【新建】按钮 和【方法】栏后的【新建】按钮 ，以类似方法进行相应设置，完成刀具（平底刀 D8）与加工方法的创建。

图 9-5 创建平面铣工序

6）在【平面铣】对话框中单击【指定部件边界】按钮 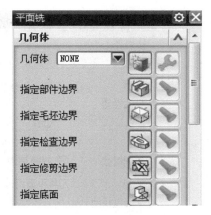，在弹出的【边界几何体】对话框中选择【曲线/边】模式，弹出【创建边界】对话框，在绘图区选二维线廓周边，材料侧改为【外部】，单击【创建下一个边界】按钮，再依次单击【确定】/【确定】按钮返回【平面铣】对话框，如图 9-7 所示。

7）单击【指定底面】按钮，弹出【平面】对话框，【类型】选择 XC-YC 平面，并向下偏置 10mm，单击【确定】按钮返回【平面铣】对话框，如图 9-8 所示。

8）单击【切削层】按钮，在弹出的【切削层】对话框中设置【每刀深度】为 4mm，单击【确定】按钮返回【平面铣】对话框。

图 9-6　平面铣设置对话框

图 9-7　定义边界

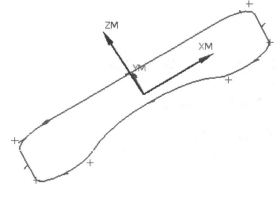

图 9-8　设安全平面

9）分别完成【进给率和速度】与【机床控制】栏下的相应设置，单击【确定】按钮返回【平面铣】对话框。

10）以图 9-9 所示进行设置，然后单击【生成刀具轨迹】图标 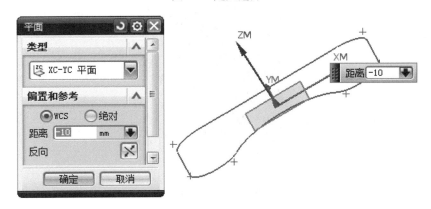，生成刀轨。

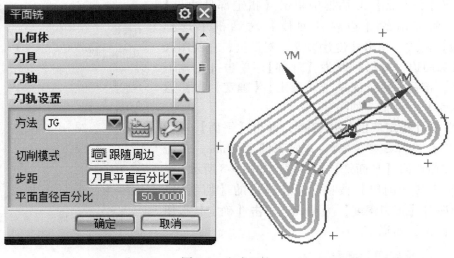

图 9-9　生成刀轨

 9.5　项目测试与学习评价

一、学习任务项目测试

测试任务：方形凸模零件 UG NX 二维平面铣。

要求：如图 9-10 所示，将毛坯往下铣削 10mm，完成方形凸模上表面的加工。

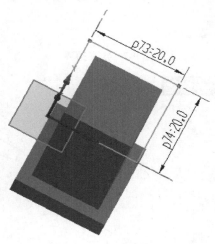

图 9-10　方形凸模

二、学习评价

1. 自评（表 9-4）

表 9-4　学生自评表

班级			组名		日期	年　月　日
评价指标	评价内容				分数	分数评定
信息检索	能有效利用网络、图书资源查找有用的相关信息等；能将查到的信息有效地传递到学习中				10	
感知课堂生活	熟悉数字化建模与制造岗位，认同工作价值；在学习中能获得满足感				10	
参与态度	积极主动与教师、同学交流，相互尊重、理解；与教师、同学能够保持多向、丰富、适宜的信息交流				10	
	能处理好合作学习和独立思考的关系，做到有效学习；能提出有意义的问题或能发表个人见解				10	
知识（技能）获得	能正确理解 CAM				20	
	能按要求完成产品的二维平面铣 CAM				20	
思维态度	能发现问题、提出问题、分析问题、解决问题、创新问题				10	
自评反馈	能按时按质完成任务；较好地掌握了知识点；具有较强的信息分析能力和理解能力；具有较为全面严谨的思维能力并能条理清楚地表达成文				10	
自评分数						
有益的经验和做法						
总结反馈建议						

2. 互评（表 9-5）

表 9-5　互评表

班级			组名		日期	年　月　日
评价指标	评价内容				分数	分数评定
信息检索	能有效利用网络、图书资源、工作手册查找有用的相关信息等；能用自己的语言有条理地去解释、表述所学知识；能将查到的信息有效地传递到工作中				10	
感知工作	熟悉工作岗位，认同工作价值；在工作中能获得满足感				10	
参与态度	积极主动参与工作，吃苦耐劳，崇尚劳动光荣、技能宝贵；与教师、同学相互尊重、理解；与教师、同学能够保持多向、丰富、适宜的信息交流				10	
	能探究式学习、自主学习，处理好合作学习和独立思考的关系，做到有效学习；能提有意义的问题或能发表个人见解；能按要求正确操作；能倾听别人意见、协作共享				10	

（续）

班级		组名		日期	年　月　日
评价指标	评价内容			分数	分数评定
学习方法	学习方法得当，有工作计划；操作技能符合规范要求；能按要求正确操作；能获得进一步学习的能力			10	
工作过程	遵守管理规程，操作过程符合现场管理要求；平时上课的出勤情况和每天完成工作任务情况；善于多角度分析问题，能主动发现、提出有价值的问题			10	
思维态度	能发现问题、提出问题、分析问题、解决问题、创新问题			10	
知识与技能的把握	能按时按质完成工作任务；较好地掌握了以下专业技能点：UG NX 铣削加工编程通用过程、UG NX 铣削加工界面、刀具、几何体、加工方法的创建等			30	
互评分数					
有益的经验和做法					
总结反馈建议					

3. 师评（表 9-6）

表 9-6　教师评价表

班级			组名			姓名	
出勤情况							
序号	评价内容	评价要点	考查要点	分数	分数评定标准		得分
一	问题回答与讨论	引导问题内容细节	发帖与跟帖	8	发帖与表达准确度		
			讨论问题		参与度、思路或层次清晰度		
二	学习任务实施	依据任务内容确定学习计划	分析二维 CAM 创建步骤关键点准确	8	思路或层次不清扣 1 分		
			涉及知识、技能点准确且完整		不完整扣 1 分，分工不准确扣 1 分		
		CAM 程序创建过程	刀具、加工方法、几何体（安全平面）等节点创建	65	不合理、不清楚分别扣 5 分		
			模型创建、加工方案拟定、操作的创建、上表面二维平面铣的完成		不能正确完成一个步骤扣 5 分		

（续）

班级			组名			姓名	
出勤情况							
序号	评价内容	评价要点	考查要点	分数	分数评定标准		得分
三	总结	任务总结	依据自评分数	4			
			依据互评分数	5			
			依据个人总结评价报告	10	依据总结内容是否到位给分		
		合计		100			

 ## 9.6 第二课堂：拓展学习

1）依托 3D 动力社，宣讲 3D 大赛的相关内容，组织学生组队报名参赛，了解 3D 相关知识及设计技能，实现行业对接。

2）工程实战任务：网上查阅 3D 大赛形式、内容与要求，形成初步的参赛产品项目方案。

3）课后观看中央电视台播放的《大国工匠》《国之重器》《澎湃动力》等相关宣传片，增长学识，增强民族自豪感。

学习任务 **10**

UG NX 模板加工

10.1 导学：学习任务布置与项目分析

一、任务描述

1. 任务书

客户：宜宾某模具公司。

产品：某注射模模板零件。

背景：宜宾某模具公司基于客户要求，需完成某注射模模板，如动模座板（图10-1）、动模板、定模座板、定模板、推板、固定板等零件 CAM。

技术要求：规范、完整。

2. 任务内容

在通盘了解模板类零件结构与特点、CAM 基本操作、孔加工工艺基本知识和技术标准、技术要求及相关注意事项，熟悉 UG NX 孔系点位加工基本操作思路和方法，熟知 UG NX 孔加工和螺纹加工的基础上，通过建模、拟定加工方案、

图 10-1 动模座板产品

设置刀具组与几何体及设置加工方法等，完成模板类零件表面及孔系 UG NX CAM 的创建，来进一步理解 UG NX 的各主要功能模块；掌握 UG NX 操作的基本方法，学会产品的 UG NX 模板加工方法。

3. 学习目标

1）使学生了解模板类零件结构特点以及点位加工的基础知识与基本操作。

2）能熟悉【drill】子类型的选取。

3）了解参数组的应用操作。

4）熟悉 UG NX CAM 模块的基本界面。

5）学会创建中心钻、普通钻、铰孔、锪沉孔、孔口倒角等加工的刀具、几何体、加工方法与操作。

6）能完成模板零件表面、孔系及螺纹的 UG NX CAM 编程及加工。

7）培养一丝不苟的工匠精神。

二、问题引导与分析

1. 工作准备

1）阅读学习任务书，完成分组及组员间分工。

2）学习 UG NX 加工编程操作。

3）完成模板零件表面、孔系与螺纹的 CAM 操作任务。

4）展示作品，学习评价。

2. 任务项目分析与解构

此模板零件的加工按结构特点分为上、下表面和四个侧面的加工，以及其上的各孔系及螺纹的加工几个细项。因上表面加工与前述章节加工方法一致，在此可参照进行，重点在于通过创建中心钻、普通钻、铰孔、锪沉孔、孔口倒角、攻螺纹等加工的刀具、几何体、加工方法与操作，生成刀轨与刀轨仿真，初步学会 UG NX 孔系加工操作，从而达成本次学习任务目标。

3. 获取资讯

🔘 **引导问题 1**：模板类零件结构有何特点？如何分析其 CAM 工艺？完成表 10-1 的内容。

表 10-1 模板类零件 UG NX CAM 工艺

内容	截取示意图	主要操作要点
模板类零件结构特点		
模板类零件加工工艺分析		

🔘 **引导问题 2**：如何理解孔系点位加工的特点与应用？UG NX 孔系点位加工有哪些主要操作步骤？

🔘 **引导问题 3**：孔系点位加工有哪些工作方法及驱动方式？它们有何作用？有什么样的要求？

🔘 **引导问题 4**：为何要严格按工艺要求进行编程操作？质量事故和安全事故在什么情况下容易发生？

4. 工作计划

按照收集的信息和决策过程，根据软件编程处理步骤、操作方法、注意事项，完成表10-2 的内容。

表 10-2 模板类零件 UG NX 孔系点位加工工作方案

步骤	工作内容	负责人
1		
2		
3		

10.2 UG NX 孔加工基础

一、UG NX 孔加工工艺分析注意点

1）不同直径的孔需选不同直径的刀具；孔直径相同但深度不同时需输入不同的深度，相应设置多个循环参数；孔的精度要求不同时，需采用不同类型的刀具进行加工。

2）根据图画出模型，分析图与模型孔位是否正确，弄清每个孔的精度。

①孔位可以是点，也可以是圆心点，只要能标明其孔位中心位置即可；

②如果孔位较多，则需对孔位顺序进行组织；

③如果孔零件有表面属性，尽量利用零件上表面和底面控制加工深度。

二、UG NX 孔加工创建过程

1）创建刀具组：含钻头、铰刀、镗刀、丝锥等。

2）创建几何体：

①如果每个操作采用的几何体均相同，可先将几何体创建完成，再进行后续的操作；

②要对零件的多个面进行加工时，需在每个方向创建一个加工坐标系；

③在创建孔加工坐标系时，孔的轴线必须与 Z 轴平行。

3）创建加工方法：【类型】为【drill】。

4）创建程序组：在加工多个面时需要创建一个程序组，刀具路径的后处理模块可将相同面的程序组合成为一个程序。

5）创建孔加工操作：【drill】的子类型为 ，从左向右依次为：

①用铣刀加工孔：在斜面上的孔先铣平再钻；

②中心钻：钻中心孔，用于定位，指令为 G81；

③普通钻：指令为 G81；

④啄孔：每钻到给定的深度，再提起，指令为 G83；

⑤断屑式钻孔：指令为 G73（与啄孔类似）；

⑥镗孔：保证孔的精度和位置度，指令为 G76 和 G86；

⑦铰孔：指令为 G82（有时也用 G81）；

⑧锪沉孔：指令为 G82（有时也用 G81）；

⑨孔口倒角：指令为 G82（有时也用 G81）；

⑩攻螺纹：指令为 G84；

⑪铣螺纹：加工大规格的螺纹。

6）在【孔加工操作】对话框中单击 ↓ 图标，再依次单击【程序】/【使用几何体】/【使用刀具】/【使用方法】，在【名称】中输入名称，单击【确定】按钮，弹出【孔加工操作】对话框。其中：

①最小间距（最小安全距离）是指固定循环指令中的 R 值，指刀具与零件加工表面的最小距离。常设为 3~5mm。

②深度偏置：刀具刀尖穿过加工孔底面的距离。此值可保证孔能钻通。加工通孔时需要设底面，深度偏置设为 4~6mm。钻不通孔时，深度偏置指的是刀具刀尖与孔底部的距离。常设为 0。

三、设置孔加工操作的循环

为满足不同精度和不同类型的加工要求，有些加工是连续的，有些是断续的。

1）无循环。选此项后还要在钻孔操作对话框中选加工位置和设置最小间距（不必设任何循环参数）。如没有选择底面，刀具的运动过程是：以进给速度进给到最小安全距离，再以进给速度行进到下一个孔，加工完成后快速移到安全距离；如已指定底面，刀具的运动过程是：快速达到最小安全距离，再以进给速度行进到底面，退到最小安全距离，快速到达下一个孔，加工完所有孔后快速移到安全距离。

2）啄孔。可输入步进的距离（如 2.5mm）。刀具的运动过程是：刀具快速达到安全距离，再以进给速度到达切削指定的深度，然后以退刀速度到达安全距离；刀具以进给速度到达由深度增量确定的深度，刀具不断循环，直到加工到孔的最终深度，刀具以退刀速度回到安全距离。

3）断屑。刀具的运动过程是：刀具快速达到安全距离，再以进给速度到达切削指定的深度，然后以退刀的速度返回指定的步进距离；继续钻到下一个指定的值，直到钻到预定深度值，将以退刀速度移到安全距离。

4）标准钻循环（用得最多）。刀具的运动过程是：刀具快速达到安全距离，以进给速度到达孔的最终深度，再以退刀速度返回安全点，然后快速到达下一个操作位置，直到加工完成所有指定的孔。

5）标准沉孔循环。刀具快速达到安全距离，以进给速度到达计算的深度，然后以退刀速度返回安全距离。

6）标准深孔循环。刀具快速达到安全距离，以进给速度到达给定的深度，然后快速到安全距离，再到达深度增量值的位置，直到孔的深度值。

7）标准攻丝循环。刀具快速达到安全距离，以进给速度到达孔的深度值，然后主轴反车退到安全距离（在攻螺纹前必须先钻孔）。

8）标准镗孔循环。刀具快速达到安全距离，以进给速度到达孔的深度值，然后快速返回安全距离（在镗孔前必须先钻孔）。

四、循环参数

1）DEPTH：循环深度。

2）MODEL DEPTH：选模型深度作为加工深度，系统自动默认深度。

3）刀尖深度：加工表面到刀尖的距离作为加工深度。

4）刀肩深度：加工表面到刀肩距离作为加工深度。

5）TO BOTTOM SURFACE：指刀尖刚好在零件的底面。

6）THRU BOTTOM SURFACE：指刀肩刚好在零件的底面。

7）TO SELECTED POINTS：指加工表面到指定点的 Z 向距离。

8）进给率 MMPM：指刀具随主轴高速旋转，按预设的刀具路径向前切削的速度，单位为 mm/min。

9）DWELL：暂停。

10）OPTION：可在开关之间切换，此循环用于所有标准循环。

11）RTRCTO：此项用来设置退刀距离。

10.3 案例 1：UG NX 推杆固定板 CAM

一、要求

图 10-2 所示为推杆固定板，对其进行 UG NX 数控加工。

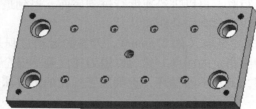

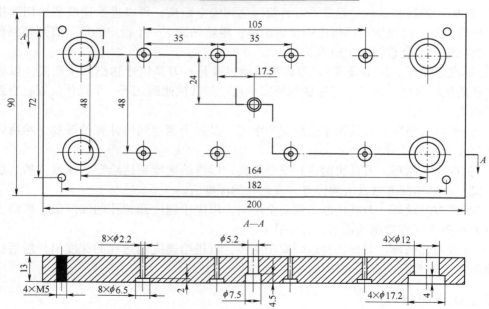

图 10-2 推杆固定板

二、任务分析

本推杆固定板上下表面与四周侧面的加工在此不讨论。从零件结构特点来看，其上分布有很多尺寸不一的简单孔、沉孔或螺孔，本任务的关键是创建 UG NX 孔系点位操作，并在动画仿真验证后生成程序单。

三、步骤

1. 加工前的准备工作

（1）工艺分析　在数控机床上铣削四个侧面及上、下表面（方法与前述章节类似，在此省略）。

所有孔的加工安排在立式加工中心上完成，其工序划分见表 10-3。

表 10-3　工序安排

工序号	工序内容	所用刀具	主轴转速/(r/min)	进给速度/(mm/min)
1	钻所有孔的中心孔	φ2mm 中心钻	800	150
2	钻 8×φ2.2mm 孔	φ2.2mm 麻花钻	800	150
3	钻 4×M5-7H 螺纹底孔至 φ3.8mm	φ3.8mm 麻花钻	800	200
4	钻 φ5.2mm	φ5.2mm 麻花钻	800	200
5	钻 4×φ12mm	φ12mm 麻花钻	800	200
6	锪 8×φ6.5mm 孔至尺寸	φ6.5mm 锪刀	800	150
7	锪 φ7.5mm 孔至尺寸	φ7.5mm 锪刀	800	150
8	锪 4×φ17.2mm 孔至尺寸	φ17.2mm 锪刀	800	150
9	攻 4×M5-7H 螺纹	M5 丝锥	800	100

（2）创建毛坯　为能看到动画仿真，创建一个 200mm×90mm×13mm 的长方体毛坯，要与零件重合。可依次单击【编辑】/【对象显示】选择毛坯，拖动滚动条将其设为半透明（也可分为不同层）。

2. 进入加工环境

单击【开始】/【加工】，选择【cam_general】，再选择【drill】，单击【确定】按钮。

3. 创建刀具组

（1）φ2mm 中心钻　单击【插入】/【刀具】（或单击工具条上的 图标），选【类型】为【DRILL】（钻刀）、【子类型】为 （中心孔点钻刀），刀具【名称】设为 Z2。设直径为 2mm、刀具号为 1，单击【确定】按钮，如图 10-3 所示。

（2）麻花钻

1）φ2.2mm 麻花钻。单击【插入】/【刀具】（或单击工具条上的 图标），选【类型】为【DRILL】（钻刀）、【子类型】为 （麻花钻刀），刀具【名称】设为 Z2.2。设直径为 2.2mm、刀具号为 2，单击【确定】按钮，如图 10-4 所示。

2）φ3.8mm 麻花钻、φ5.2mm 麻花钻、φ12mm 麻花钻。采用同样的方式进行设置。

图 10-3 设中心钻

图 10-4 设麻花钻

（3）锪刀

1）φ6.5mm 锪刀。单击【插入】/【刀具】（或单击工具条上的图标），选【类型】为【DRILL】（钻刀）、【子类型】为（沉孔锪刀）、刀具【名称】为 C6.5。设直径为 6.5mm，刀具号为 6，单击【确定】按钮，如图 10-5 所示。

2）φ7.5mm 锪刀、φ17.2mm 锪刀。采用与上文相同的方式进行设置。

（4）M5 丝锥　单击【插入】/【刀具】（或单击工具条上的图标），选【类型】为【DRILL】（钻刀）、【子类型】为（丝锥），刀具【名称】设为 T5。设直径为 5mm，刀具号为 9，单击【确定】按钮，如图 10-6 所示。

图 10-5 创建锪刀

图 10-6 创建丝锥

4. 创建几何体

（1）创建钻削坐标系　单击【插入】/【几何体】（或单击工具条上的图标），选【类型】为【DRILL】，单击【子类型】中的图标，选【位置】为【GEOMETRY】，【名称】设为 ZZBX，单击【确定】按钮，弹出【MCS】对话框；单击【指定 MCS】栏后的按钮，弹出【CSYS】对话框，通过对齐、双击翻转、操控器等方式将加工坐标系调整到合适的方位（图 10-7），单击【确定】按钮，返回【CSYS】对话框。

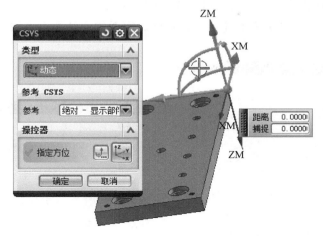

图 10-7　创建工作坐标系

单击【确定】按钮，返回【MCS】对话框，进行安全平面设置，再次单击【确定】按钮关闭对话框，如图 10-8 所示。

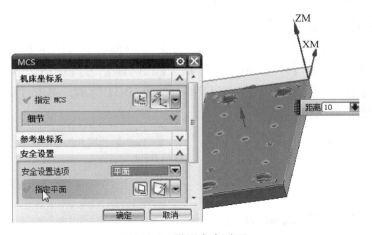

图 10-8　设置安全平面

（2）创建钻削工件与毛坯　单击【插入】/【几何体】，弹出【创建几何体】对话框，选【类型】为【drill】，单击【子类型】中的图标，选【位置】的【几何体】为【ZZBX】，【名称】设为 GongJian，单击【确定】按钮，弹出【工件】对话框，分别指定工件与毛坯（毛坯为通过底边拉伸高度 13mm 的长方体），如图 10-9 所示。

提示：为避免作为毛坯的正方体影响后续操作，可将其隐藏。

5. 创建加工方法

1）创建中心钻加工方法。单击【插入】/【方法】（或单击工具条上的图标），弹出【创建方法】对话框，选【类型】为【DRILL】、【位置】为【DRILL-METHOD】，【名称】设为 zxz（中心钻），单击【确定】按钮，弹出【钻加工方法】对话框，单击【进给】栏后

的 按钮，弹出【进给】对话框，按图 10-10 所示进行设置，单击【确定】按钮，返回【钻加工方法】对话框，再次单击【确定】按钮，完成中心钻加工方法的创建。

图 10-9　创建几何体

图 10-10　设置进给参数

2）同理，完成钻削（ZX）、锪孔（FX）、攻丝加工方法（GS）的创建。

6. 创建中心孔点位加工工序

1）单击【插入】/【工序】，弹出【创建工序】对话框，选【类型】为【DRILL】、【子类型】为 、【程序】为【NC_PROGRAM】、【几何体】为【GONGJIAN】、【刀具】为【Z2（钻刀）】，【名称】设为 SPOT_DRILLING，如图 10-11 所示，单击【确定】按钮，弹出【定心钻】对话框，如图 10-12 所示。

图 10-11　创建工序

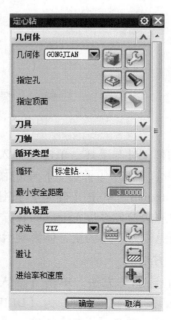

图 10-12　定心钻设置

2）单击【指定孔】栏后的 按钮，弹出【点到点几何体】对话框，单击【选择】/【面上所有的孔】（图 10-13），在绘图区选固定板上表面，依次单击【确定】/【确定】/【确定】按钮，返回【定心钻】对话框。

3）在【循环类型】栏中选【标准钻】，单击其后的【编辑参数】按钮，弹出【指定参数组】对话框，采用默认设置，单击【确定】按钮，弹出【Cycle 参数】对话框，如图 10-14 所示。

4）单击【Depth（Tip）-0.0000】，在弹出的【Cycle 深度】对话框中单击【刀尖深度】（图 10-15），并将深度设为 1mm，单击【确定】按钮，在返回的【Cycle 参数】对话框中单击【Rtrcto-无】，并将其设为【自动】，单击【确定】按钮，返回【定心钻】对话框。

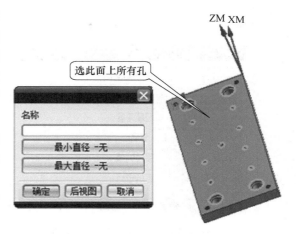

图 10-13　选择孔

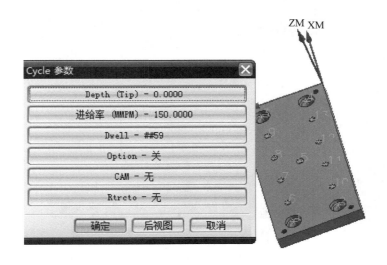

图 10-14　【Cycle 参数】对话框

5）单击【进给率与速度】栏后的 按钮，弹出【进给率和速度】对话框，设置主轴速度与进给率，如图 10-16 所示，单击【确定】按钮，返回【定心钻】对话框；采用与前述章节类似方法，进行【机床控制】的相应设置，将切削液的【开】与【关】事件添加进来。

6）单击 按钮生成刀轨，如图 10-17 所示。

7）单击 按钮确认刀轨，并进行 3D 与 2D 仿真验证，如图 10-18 所示。

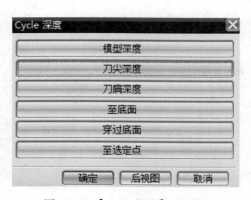

图 10-15 【Cycle 深度】对话框

图 10-16 设置进给率与速度

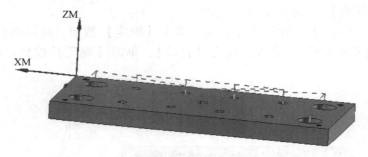

图 10-17 生成刀轨

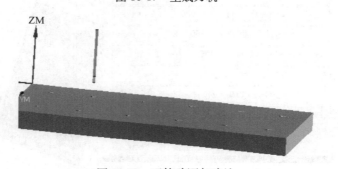

图 10-18 刀轨验证与确认

7. 创建钻孔加工工序

（1）8×ϕ2.2mm 孔加工工序

1）单击【插入】/【工序】（或单击 ⚒ 图标），弹出【创建工序】对话框，如图 10-19 所示，选【类型】为【DRILL】、【子类型】为 🔽、【程序】为【NC_PROGRAM】、【几何体】为【GONGJIAN】、【刀具】为【Z2.2（钻刀）】，【名称】设为 DRILLING，单击【确定】按钮，弹出【钻】对话框，如图 10-20 所示。

2）单击【指定孔】栏后的 🔘 按钮，弹出【点到点几何体】对话框，单击【选择】，在绘图区选 8 个推（顶）杆孔，如图 10-21 所示，单击【确定】按钮返回【点到点几何体】

对话框，单击【Rapto 偏置】，设置偏置距离为 5mm，依次单击【确定】/【确定】按钮，返回【钻】对话框。

图 10-19 创建钻削加工工序

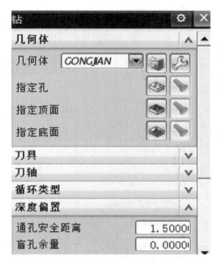

图 10-20 创建钻削几何体

图 10-21 选择孔

3）在【循环类型】栏中选【标准钻】，单击其后的【编辑参数】按钮，弹出【指定参数组】对话框，采用默认设置，单击【确定】按钮，弹出【Cycle 参数】对话框。

4）单击【Depth-模型深度】，在弹出的【Cycle 深度】对话框中单击【穿过底面】，单击【确定】按钮；在返回的【Cycle 参数】对话框中单击【Rtrcto-无】，并将其设为【自动】，单击【确定】按钮，返回【钻】对话框。

5）单击【进给率与速度】栏后的按钮，设置主轴转速与进给率，单击【确定】按钮返回【定心钻】对话框；采用与前述章节类似方法，进行【机床控制】的相应设置，将切削液的【开】与【关】事件添加进来。

6）单击按钮生成刀轨，如图 10-22 所示。

7）单击按钮确认刀轨，并进行 3D 与 2D 仿真进行验证，如图 10-23 所示。

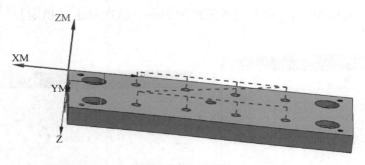

图 10-22 生成刀轨

图 10-23 验证及确认刀轨

（2）钻 4×M5-7H 螺纹底孔至 ϕ3.8mm 加工工序　采用与前面类似方法，进行钻 4×M5-7H 螺纹底孔至 ϕ3.8mm 加工工序的设置。

（3）钻 ϕ5.2mm 孔加工工序　采用与前面类似方法，进行钻 ϕ5.2mm 孔加工工序的设置。

（4）钻 4×ϕ12mm 孔加工工序　采用与前面类似方法，进行钻 4×ϕ12mm 孔加工工序的设置。

8. 创建锪孔加工工序

（1）锪 8×ϕ6.5mm 孔加工工序

1）单击【插入】/【工序】（或单击工具条上的 图标），弹出【创建工序】对话框（图 10-24），选【类型】为【drill】、【子类型】为、【程序】为【NC_PROGRAM】、【几何体】为【GONGJIAN】、【刀具】为【C6.5（铣刀-5 参数）】、【方法】为【FX】，【名称】设为 COUNTERBORING，单击【确定】按钮，弹出【沉头孔加工】对话框，如图 10-25 所示。

2）单击【指定孔】栏后的按钮，弹出【点到点几何体】对话框，单击【选择】，在绘图区选 8 个推（顶）杆孔的沉孔（图 10-26），单击【确定】按钮，返回【点到点几何体】对话框，单击【Rapto 偏置】，设置偏置距离为 8mm，再依次单击【确定】/【确定】按钮，返回【沉头孔加工】对话框。

3）在【循环类型】栏中选【标准钻】，弹出【指定参数组】对话框，采用默认设置，单击【确定】按钮，弹出【Cycle 参数】对话框。

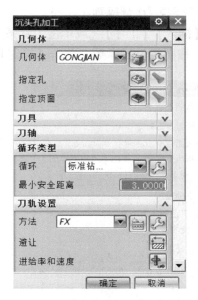

图 10-24　创建锪孔加工工序　　图 10-25　【沉头孔加工】对话框

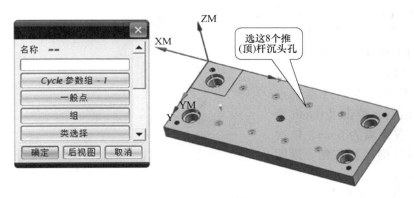

图 10-26　选择孔

4）单击【Csink 直径-0.0000】，在弹出的对话框中设置直径为 6.5mm，单击【确定】按钮；在返回的【Cycle 参数】对话框中单击【Rtrcto-无】，并将其设为【自动】，单击【确定】按钮，返回【沉头孔加工】对话框。

5）单击【进给率与速度】栏后的 按钮，设置主轴转速与进给率，如图 10-27 所示，单击【确定】按钮，返回【沉头孔加工】对话框；采用与前述章节类似方法，进行【机床控制】的相应设置，将切削液的【开】与【关】事件添加进来。

6）单击 按钮生成刀轨。

7）单击 按钮确认刀轨，并进行 3D 与 2D 仿真验证。

（2）锪 ϕ7.5mm 孔加工工序　采用与前文类似方法进行设置。

（3）锪 4×ϕ17.2mm 孔加工工序　采用与前文类似方法进行设置。

9. 创建攻 4×M5-7H 螺纹加工工序

1）单击【插入】/【工序】（或单击工具条上的 图标），弹出【创建工序】对话框，如图 10-28 所示，按图示设置参数，单击【确定】按钮，弹出【出屑】对话框。

图 10-27　进给率和速度设置

图 10-28　创建螺纹加工工序

2）单击【指定孔】栏后的 按钮，弹出【点到点几何体】对话框，如图 10-29 所示，单击【选择】，在绘图区选 4 个螺纹孔，单击【确定】按钮，返回【点到点几何体】对话框，单击【Rapto 偏置】，设置偏置距离为 6mm，依次单击【确定】/【确定】按钮，返回【出屑】对话框。

3）在【循环类型】栏中选【标准攻丝】，单击其后的【编辑参数】按钮 ，弹出【指定参数组】对话框，采用默认设置，单击【确定】按钮，弹出【Cycle 参数】对话框。

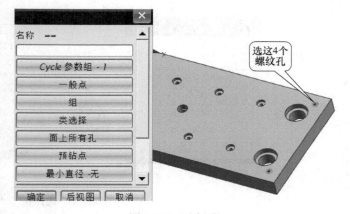

图 10-29　选择孔

4）单击【Depth(Tip)-0.0000】，在弹出的【Cycle 深度】对话框中单击【穿过底面】，在返回的【Cycle 参数】对话框中单击【Rtrcto-无】，并将其设为【自动】，单击【确定】按钮返回【出屑】对话框。

5）单击【进给率与速度】栏后的 按钮，设置主轴转速与进给率（与前述方法类似），单击【确定】按钮返回【定心钻】对话框；采用与前述章节类似方法，进行【机床控制】的相应设置，将切削液的【开】与【关】事件添加进来。

6）单击 按钮生成刀轨。

7）单击 按钮确认刀轨，并进行 3D 与 2D 仿真验证。

10.4　案例 2：UG NX 垫板加工

一、要求

如图 10-30 所示，加工台阶垫板零件上的 6 个孔，每个台阶高 12mm，其中 4 个孔为不通孔，有效深度分为 28mm 和 18mm，其余 2 个孔为通孔，所有孔径均为 8mm，生成钻孔加工程序。

二、任务分析

本垫板需加工的部位有台阶表面和 6 个孔，各孔的参数并不完全相同，在此需要用到【参数组】的设置。

三、步骤

1. 加工前的准备工作

1）工艺分析。在数控机床上加工铣削四个侧面及

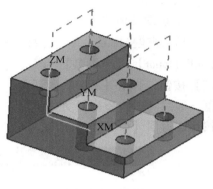

图 10-30　垫板

上、下表面（方法与前述章节类似，在此省略）。两台阶面与所有孔的加工安排在立式加工中心上完成，其工序划分见表 10-4。

表 10-4　工序安排

工序号	工序内容	所用刀具	主轴转速/(r/min)	进给速度/(mm/min)
1	粗铣台阶面，留 0.5mm 余量	φ18mm 立铣刀	800	250
2	精铣台阶面到尺寸	φ6mm 立铣刀	1200	100
3	钻所有的 φ8mm 孔	φ8mm 麻花钻	800	150

2）创建毛坯。为能看到动画仿真，创建一个长方体毛坯，要与零件重合。单击【编辑】/【对象显示】，选毛坯，拖动滚动条将其设为半透明，如图 10-31 所示（也可分为不同层）。

2. 进入加工环境

单击【开始】/【加工】，选择【cam_general】，再选择【mill_planar】，单击【确定】按钮。

3. 创建刀具组

1）φ18mm 立铣刀与 φ6mm 立铣刀。单击

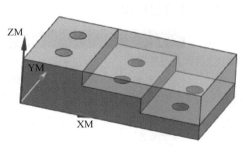

图 10-31　毛坯

【插入】/【刀具】（或单击工具条上的图标），弹出【创建刀具】对话框；选【类型】为【mill_planar】（平面铣）、【刀具子类型】为【mill】（立铣刀）、【刀具位置】为【GENERIC MACHINE】，【名称】设为 LXD18，单击【确定】按钮，弹出【铣刀参数】对话框，设参数：直径为 18mm，调整记录器（补偿寄存器）为 1，刀具号为 1，单击【确定】按钮

完成 $\phi18$mm 立铣刀的创建；同理，将直径改为 6mm，调整记录器（补偿寄存器）为 2，刀具号为 2，完成【名称】为 LXD6 的 $\phi6$mm 立铣刀的创建。

2）麻花钻。单击【插入】/【刀具】（或单击图标），选【类型】为【DRILL】（钻刀）、【子类型】为（麻花钻刀），刀具【名称】为 Z8，设直径 8mm，刀具号为 3，单击【确定】按钮。

4. 创建几何体

1）创建坐标系。单击【插入】/【几何体】（或单击工具条上的图标），选【类型】为【mill_planar】、【子类型】为、【位置】为【GEOMETRY】，【名称】设为 zbx，单击【确定】按钮，弹出【MCS】对话框，单击【指定 MCS】栏后的按钮，弹出【CSYS】对话框，通过【输入坐标】方式将加工坐标系调整到毛坯中心，如图 10-32 所示，单击【确定】按钮，返回【CSYS】对话框。

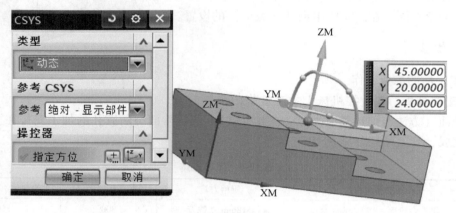

图 10-32 创建工作坐标系

2）进行安全平面设置。考虑到装夹的安全性，在此将距离设为 20mm，如图 10-33 所示，单击【确定】按钮。

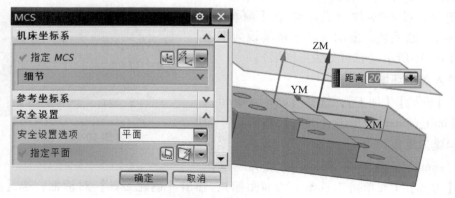

图 10-33 创建安全平面

3）创建部件与毛坯。单击【插入】/【几何体】，选【类型】为【mill_planar】、【子类型】为、【位置】为【zbx】，【名称】设为 GongJian1，单击【确定】按钮，弹出【工件】

对话框，分别指定部件与毛坯（方法与前述章节类似，毛坯为通过底边拉伸的长方体）。

5. 创建加工方法

（1）创建铣削粗加工方法　单击【插入】/【方法】（或单击工具条上的 图标），弹出【创建方法】对话框，选【类型】为【mill_planar】、【位置】为【METHOD】，【名称】设为 CJG（粗加工），单击【确定】按钮，在弹出的【铣削方法】对话框（图 10-34a）中设置【部件余量】（指该工序为后续加工留的余量，由工艺要求设置）为 0.5mm、【内公差】为 0.03mm、【外公差】为 0.12mm，在【铣削方法】对话框中单击【进给】按钮 ，弹出【进给】对话框，按图 10-34b 所示设置，单击【确定】按钮，回到【铣削方法】对话框，再次单击【确定】按钮，完成粗加工方法的创建。

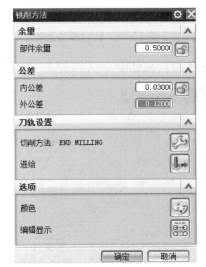
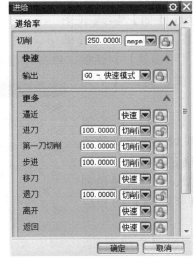

a)【铣削方法】对话框　　　　　b)【进给】对话框

图 10-34　创建铣削粗加工

（2）创建铣削精加工方法　与粗加工方法同理设置，【名称】改为 JJG（精加工），【部件余量】改为 0，【内公差】与【外公差】均设为 0.03mm，主轴转速设为 1200r/min，进给速度设为 100mm/min。

（3）创建钻加工方法　单击【插入】/【方法】（或单击工具条上的 图标），弹出【创建方法】对话框，选【类型】为【DRILL】、【位置】为【DRILL-METHOD】，【名称】设为 zx（钻削），单击【确定】按钮，弹出【钻加工方法】对话框，单击【进给】栏后的 按钮，主轴转速设为 800r/min，进给速度设为 150mm/min，单击【确定】按钮，返回【钻加工方法】对话框，再次单击【确定】按钮完成钻削加工方法的创建。

6. 创建加工工序

（1）创建铣削粗加工工序

1）单击【插入】/【工序】（或单击工具条上的 图标），弹出【创建工序】对话框，选【类型】为【mill_planar】、【子类型】为 （PLANAR-MILL）、【程序】为【NC-PROGRAM】、【几何体】为【GONGJIAN】、【刀具】为【LXD18】、【使用方法】为【CJG】，【名称】设为

CX，单击【确定】按钮，在弹出的【平面铣】对话框中单击【指定部件边界】按钮，弹出【边界几何体】对话框，在【模式】下选【面】模式（同时勾选【忽略孔】和【忽略岛】），选零件上面的两表面（图10-35），单击【确定】按钮。

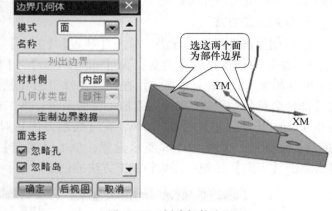

图 10-35　创建部件边界

2）在返回的【平面铣】对话框中单击【指定毛坯边界】按钮，弹出【边界几何体】对话框，在【模式】下选【面】模式（图10-36），选毛坯上表面，单击【确定】按钮返回【平面铣】对话框，单击【指定底面】按钮，并按图10-36所示进行设置，单击【确定】按钮返回【平面铣】对话框。

3）单击【切削层】按钮，将切削深度设为恒定的数值3mm，单击【确定】按钮；与前面章节所述类似，进行【进给和速度】及【机床控制】的相应设置。

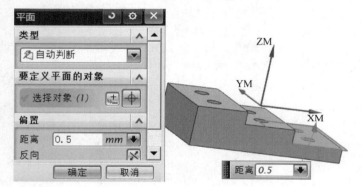

图 10-36　指定切削面

4）单击按钮生成刀轨，单击按钮确认刀轨，并进行3D 与 2D 仿真验证，如图 10-37所示。

（2）创建铣削精加工工序　与粗加工工序的创建方法类似，仅需将【刀具】改为【LXD6】、【方法】改为【JJG】、【指定底面】时偏置距离改为0 即可。

（3）创建钻削工序

1）单击【插入】/【工序】（或单击工具条上的图

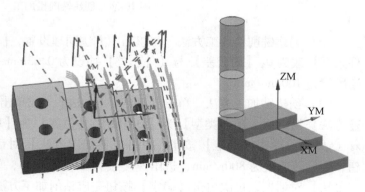

图 10-37　生成刀轨并仿真

标），弹出【创建工序】对话框，选【类型】为【DRILL】、【子类型】为、【程序】为【NC-PROGRAM】、【几何体】为【GONGJIAN】、【使用刀具】为【Z8】，【名称】设为DRILLING，单击【确定】按钮，弹出【钻】对话框。

2）单击【指定孔】栏后的按钮，弹出【点到点几何体】对话框，单击【选择】/

【Cycle 参数组-1】/【参数组】，选取最上层表面上的孔，单击【确定】按钮返回【点到点几何体】对话框，将其设为第一组参数组的孔；单击【选择】/【否】/【Cycle 参数组-1】/【参数组 2】，选取中间层表面上的孔，单击【确定】按钮返回【点到点几何体】对话框，将其设为第二组参数组的孔；单击【选择】/【否】/【Cycle 参数组-1】/【参数组 2】，选取最下层表面上的孔，单击【确定】按钮返回【点到点几何体】对话框，将其设为第三组参数组的孔；单击【确定】按钮返回【钻】对话框。

3）分别单击■和■按钮来指定顶面与底面，如图 10-38 所示。

4）在【循环类型】栏中选【标准钻】，单击其后的【编辑参数】按钮■，弹出【指定参数组】对话框，默认为第 1 参数组，单击【确定】按钮，弹出【Cycle 参数】对话框，单击【Depth-模型深

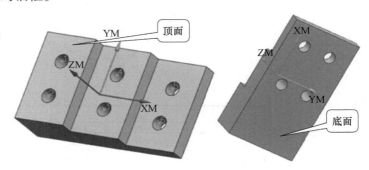

图 10-38 指定顶面与底面

度】，弹出【Cycle 深度】对话框，选择【模型深度】，单击【确定】按钮，返回【Cycle 参数】对话框，单击【Rtrcto-无】，在弹出的对话框中单击【自动】/【返回】，返回【Cycle 参数】对话框，设置好第 1 组参数；再单击【Depth-模型深度】，弹出【Cycle 深度】对话框，单击【刀肩深度】并将深度设为 18mm，单击【确定】按钮，返回【Cycle 参数】对话框，单击【Rtrcto-无】，在弹出的对话框中单击【自动】，返回【Cycle 参数】对话框，设置好第 2 组参数；再单击【Depth(Shouldr)-24.0000】，弹出【Cycle 深度】对话框；单击【穿过底面】，返回【Cycle 参数】对话框，单击【Rtrcto-无】，在弹出的对话框中单击【自动】，返回【Cycle 参数】对话框，设置好第 3 组参数；单击【确定】按钮，返回【钻】对话框。

5）采用与前述章节类似方法，进行【进给率与速度】与【机床控制】的相应设置。

6）单击■按钮，生成刀轨；单击■按钮确认刀轨，并进行 3D 与 2D 仿真验证。

 ## 10.5 项目测试与学习评价

一、学习任务项目测试

测试 1：UG NX 机座加工

要求：完成图 10-39 所示机座的加工。台阶表面及各孔的加工深度不一，利用参数组进行设置。

测试 2：UG NX 动模座板加工

要求：完成图 10-40 所示动模座板的加工。

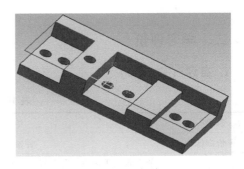

图 10-39 机座

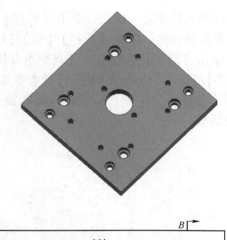

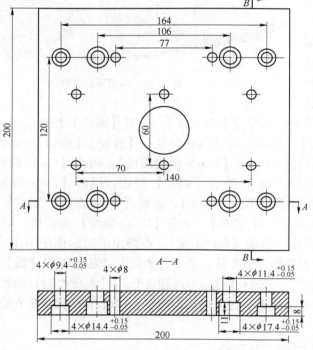

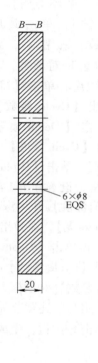

图 10-40 动模座板

二、学习评价

1. 自评（表 10-5）

表 10-5 学生自评表

班级		组名		日期	年 月 日
评价指标	评价内容			分数	分数评定
信息检索	能有效利用网络、图书资源查找有用的相关信息等；能将查到的信息有效地传递到学习中			10	

（续）

班级		组名		日期	年　月　日
评价指标	评价内容			分数	分数评定
感知课堂生活	熟悉数字化建模与制造岗位，认同工作价值；在学习中能获得满足感			10	
参与态度	积极主动与教师、同学交流，相互尊重、理解；与教师、同学能够保持多向、丰富、适宜的信息交流			10	
	能处理好合作学习和独立思考的关系，做到有效学习；能提出有意义的问题或能发表个人见解			10	
知识（技能）获得	能正确拟定加工方案			20	
	能按要求完成模板的 CAM			20	
思维态度	能发现问题、提出问题、分析问题、解决问题、创新问题			10	
自评反馈	能按时按质完成任务；较好地掌握了技能点；具有较强的信息分析能力和理解能力；具有较为全面严谨的思维能力并能条理清楚地表达成文			10	
自评分数					
有益的经验和做法					
总结反馈建议					

2. 互评（表 10-6）

表 10-6　互评表

班级		组名		日期	年　月　日
评价指标	评价内容			分数	分数评定
信息检索	能有效利用网络、图书资源、工作手册查找有用的相关信息等；能用自己的语言有条理地去解释、表述所学知识；能将查到的信息有效地传递到工作中			10	
感知工作	熟悉工作岗位，认同工作价值；在工作中能获得满足感			10	
参与态度	积极主动参与工作，吃苦耐劳，崇尚劳动光荣、技能宝贵；与教师、同学相互尊重、理解；与教师、同学能够保持多向、丰富、适宜的信息交流			10	
	能探究式学习、自主学习，处理好合作学习和独立思考的关系，做到有效学习；能提出有意义的问题或能发表个人见解；能按要求正确操作；能倾听别人意见、协作共享			10	
学习方法	学习方法得当，有工作计划；操作技能符合规范要求；能按要求正确操作；能获得进一步学习的能力			10	

（续）

班级		组名		日期	年 月 日
评价指标	评价内容			分数	分数评定
工作过程	遵守管理规程，操作过程符合现场管理要求；平时上课的出勤情况和每天完成工作任务情况；善于多角度分析问题，能主动发现、提出有价值的问题			10	
思维态度	能发现问题、提出问题、分析问题、解决问题、创新问题			10	
知识与技能的把握	能按时按质完成工作任务；较好地掌握了以下专业技能点：UG NX 孔系点位加工编程通用过程，UG NX 孔加工中的刀具、几何体、加工方法的创建等			30	
互评分数					
有益的经验和做法					
总结反馈建议					

3. 师评（表 10-7）

表 10-7 教师评价表

班级		组名		姓名		
出勤情况						
序号	评价内容	评价要点	考查要点	分数	分数评定标准	得分
一	问题回答与讨论	引导问题内容细节	发帖与跟帖	8	发帖与表达准确度	
			讨论问题		参与度、思路或层次清晰度	
二	学习任务实施	依据任务内容确定学习计划	分析模板 CAM 创建步骤关键点准确	8	思路或层次不清扣 1 分	
			涉及知识、技能点准确且完整		不完整扣 1 分，分工不准确扣 1 分	
		CAM 程序创建过程	刀具、加工方法、几何体（安全平面）等节点创建	65	不合理、不清楚分别扣 5 分	
			模型创建、加工方案拟定、操作的创建、参数组的设置、模板孔系点位加工的完成		不能正确完成一个步骤扣 5 分	
三	总结	任务总结	依据自评分数	4		
			依据互评分数	5		
			依据个人总结评价报告	10	依据总结内容是否到位给分	
		合计		100		

10. 6　第二课堂：拓展学习

　　1）依托 3D 动力社，结合全国 3D 大赛要求，对前述的参赛产品项目方案进行推进，进一步对接行业。

　　2）工程实战任务：依托企业生产实训基地，了解数控加工过程与方法，以及相关知识、技能并接受工程实战任务，对接企业生产。

　　3）课后观看中央电视台播放的《大国工匠》《国之重器》《澎湃动力》等相关宣传片，增长学识，增强民族自豪感。

UG NX 实体轮廓铣

 11.1　导学：学习任务布置与项目分析

一、任务描述

1. 任务书

客户：宜宾某模具公司。

产品：某凸凹模零件（图 11-1）。

背景：宜宾某模具公司基于客户要求，需完成某凸凹模零件 CAM。

技术要求：规范、完整。

2. 任务内容

在通盘了解凸凹模零件结构与特点、UG NX 实体轮廓铣基本操作、轮廓加工工艺基本知识和技术标准、技术要求及相关注意事项的基础上，熟悉 UG NX 实体轮廓铣加工基本操作思路和方法，通过运用建模、加工方案拟定、刀具组与几何体及加工方法的设置等相关知识，完成凸凹模零件表面 UG NX CAM 的创建，来进一步理解 UG NX 的各主要功能模块；掌握 UG NX 操作的基本方法，学会产品的 UG NX 实体轮廓铣加工方法。

3. 学习目标

1）使学生了解凸凹模零件的结构特点和 UG NX 三维实体轮廓铣加工的基础知识与基本操作。

2）熟悉几何体类型和边界几何体的选择模式。

3）了解凸凹模工艺规程。

4）熟悉操作导航器。

5）进一步学会三维实体轮廓铣操作的创建，生成刀轨并进行检验。

6）学会 UG NX 三维实体轮廓铣的编程及加工操作方法。

7）通过项目实施，提升学生研究和推广新工艺、新技术的职业精神。

二、问题引导与分析

1. 工作准备

1）阅读学习任务书，完成分组及组员间分工。

2）学习 UG NX 实体轮廓铣编程操作。

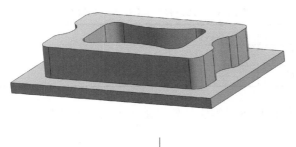

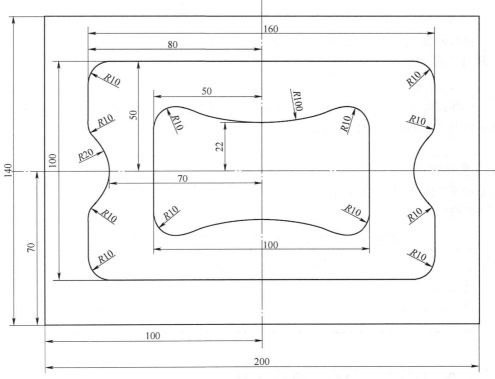

图 11-1　某凸凹模零件

3）完成凸凹模零件表面 CAM 操作任务。

4）展示作品，学习评价。

2. 任务项目分析与解构

此凸凹模零件的加工按结构特点分为上、下表面和四个侧面的加工与外轮廓加工、内腔轮廓加工等几个细项。因上表面加工与前述章节加工方法相同，在此可参照进行，重点在于通过创建凸凹模凸台外轮廓及内腔的粗（精）加工操作，生成刀轨与刀轨仿真，学会 UG NX 实体轮廓加工操作，从而达成本次学习任务目标。

3. 获取资讯

❓ **引导问题 1**：凸凹模零件有何结构特点？如何分析其 CAM 工艺？完成表 11-1 的内容。

表 11-1　凸凹模零件 UG NX CAM 工艺

内容	截取示意图	主要操作要点
凸凹模零件结构特点		
凸凹模零件加工工艺分析		

　　引导问题 2：如何理解三维实体轮廓加工的特点及应用？UG NX 三维实体轮廓加工有哪些主要操作步骤？

　　引导问题 3：如何应用三维实体轮廓加工的工作方法及驱动方式？它们有何作用？有什么样的要求？

　　引导问题 4：在编程中如何理解具体零件具体分析？如何完成凸凹模零件 UG NX 三维实体轮廓加工？截图说明操作方法。

4. 工作计划

按照收集的信息和决策过程，根据软件编程处理步骤、操作方法、注意事项，完成表 11-2 的内容。

表 11-2　凸凹模零件 UG NX 三维实体轮廓加工工作方案

步骤	工作内容	负责人
1		
2		
3		

11.2　UG NX 实体轮廓铣基础

一、进给及其参数

数控加工时的进给过程如图 11-2 所示。

1. 进刀

【进刀】参数是从进刀位置到初始切削位置的刀具运动进给率。当刀具抬起后返回工件时，此进给率也适用于返回进给率。【进刀】进给率置 0，将使刀具以切削进给率进刀。

2. 切削

【切削】参数是刀具与部件几何体接触时的刀具运动进给率。

3. 退刀

【退刀】参数是从退刀位置到最终刀轨切削位置的刀具运动进给率。【退刀】进给率置 0，将使刀具以快进进给率退刀（线性运动），或以切削进给率退刀（圆周运动）。

4. 第一刀切削

【第一刀切削】参数是初始切削刀路的进给率（后续的刀路按切削进给率值进给）。

注释：对于【自动车槽】，【第一刀切削】参数也是对整个材料每次切削的进给率。

5. 逼近

【逼近】参数是刀具运动从起点到进刀位置的进给率。在使用多层【平面铣】和【型腔铣】操作中，使用【逼近】进给率来控制从一层到另一层的进给。

在【曲面轮廓铣】中，【逼近】参数是进刀移动之前的移动进给率。这一移动可能来自【开始】移动或【移刀】移动。

在【钻】和【车槽】模块中，如果指定的最小安全距离是 0，那么【逼近】进给率 0 值将使刀具按切削进给率移动；否则使用快进进给率。

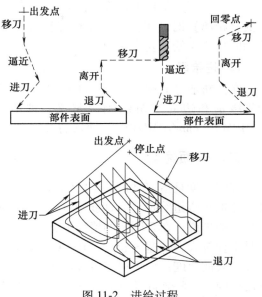

图 11-2　进给过程

在其他模块中，如果指定了进刀方法，那么【逼近】进给率 0 值将使刀具按快进进给率移动；否则【使用】进刀进给率。

6. 离开

【离开】参数代表出孔（开槽）运动的进给率，这些运动用于清除断屑。

在【曲面轮廓铣】中，【离开】参数是退刀移动之后的移动进给率。这一移动可能转为移刀移动或返回移动。

7. 螺纹

【螺纹】参数目前对所有处理器都不可用，并且永久性呈灰色显示。

8. 步进

【步进】参数是刀具移向下一平行刀轨时的进给率。如果刀具从工作表面抬起，则【步进】不适用。因此，【步进】进给率只适用于允许往复刀轨的模块。

9. 返回

【返回】参数是刀具移至【返回点】的进给率。【返回】进给率 0 值将使刀具以快进进给率移动。

10. 侧面切削

【侧面切削】只适用于【车槽】模块。它控制【按层往复】、【从左到右】和【从右到左】切削方法的侧面切削运动。它不能控制插削和轮廓铣运动。【侧面切削】进给率不适用于插削方法。

11. 移刀

【移刀】参数（平面铣和型腔铣）是当【进刀/退刀】对话框中的【传送方法】选项为【先前的平面】（而不是安全平面）状态时，用于快速水平非切削刀具运动的进给率。

只有当刀具是在未切削曲面之上的【竖直安全距离】，并且是距任何腔体岛或壁的【水平安全距离】时，才会使用【移刀】进给率。这可以在移刀时保护部件曲面，并且刀具在移动时也不用抬至安全平面。

12. 进给率

在刀轨前进的过程中，不同的刀具运动类型，其进给率值也会有所不同。进给率可以在边界级别和边界成员级别上定义。进给率单位有 in/min（IPM）、in/r（IPR）、mm/min（MMPM）、mm/r（MMPR）。默认的进给率是 10in/min（英制）和 10mm/min（公制）。

二、表面速度

表面速度是指刀具最外点的线速度，单位是 mm/s。该速度与主轴转速 S（刀具的角速度）之间可以进行换算，即线速度＝转速×周长。

一般来说，在 S 固定的情况下，刀具半径越大，表面速度越大。如果表面速度固定，则刀具半径越大，转速 S 越小。在 UG NX 中，如果编程时根据个人经验来给定转速 S，可以不关注表面速度；如果根据刀具厂商提供的资料或根据加工效果来设定表面速度，输入表面速度后回车，S 会自动计算出来。后处理生成的刀路通过自动计算出来的 S 来控制机床转速。

三、UG NX 三维实体轮廓铣基础

平面铣是一种 2.5 轴的加工方式，它在加工过程中产生在水平方向的 X、Y 两轴联动，而 Z 轴方向只在完成一层加工后进入下一层时才做单独的动作。

1. 平面铣操作的创建步骤

1）创建平面铣操作。

2）设置平面铣的父节点组。

3）设置平面铣操作对话框。

4）生成平面铣操作并检验。

2. 对【平面铣】对话框的理解。

1）指定部件边界：用于描述完成的零件，控制刀具运动范围。

2）指定毛坯边界：用于描述将要被加工的材料范围。

3）指定检查边界：用于描述刀具不能碰撞的区域，如夹具和压板位置。

4）指定修剪边界：用于进一步控制刀具的运动范围，对刀轨做进一步的修剪。

5）指定底面：定义最低（最后的）切削层。所有切削层都与"底面"平行生成。每个操作只能定义一个"底面"。

3. 对边界的理解

1）永久边界：创建后会一直显示在绘图工作区内，可供本零件所有加工操作使用。其调用途径为【工具】/【边界】/【边界管理器】/【创建】。

2）临时边界：指在创建某一工序时，在弹出的【操作】对话框中选择几何体的边界模式。此方法创建的边界只能供此加工操作使用。

4. 有关的主要专业术语

涉及的主要专业术语见表 11-3。

表 11-3　有关术语解析

术语	英文	说　明
单向粗铣	ROUGH-ZIG	默认切削方法为单向切削的平面铣
往复式粗铣	ROUGH-ZIGZAG	默认切削方法为往复式切削的平面铣
平面铣	MILL-PLANAR	用平面边界定义切削区域,切削到底平面
表面区域铣	FACE-MILLING-AREA	以面定义切削区域的表面铣
表面铣	FACE-MILLING	基本的面切削操作,用于切削实体上的平面
自定义方式	MILL-USER	自定义参数建立操作
机床控制	MILL-CONTROL	建立机床控制操作,添加相关后处理命令

5. 控制点

在编程时,运用控制点可使刀轨更合理,提高加工效率。

(1) 切削区域起点　在【起点/钻点】中常需要设置的是切削区域起点。切削区域起点是指刀具切削加工零件时的起始点。

1) 切削区域起点对切削区域开始切削点的位置和进给方向都有影响。切削区域起点设置在下方,刀具轨迹就从下方开始进刀切削零件。

2) 切削区域起点设置在左侧,刀具轨迹就从左侧开始进刀切削零件。

(2) 控制点的确定　系统在确定控制点时,受到指定切削区域的起点、切削区域的形状,以及切削区域使用的切削方式等因素的影响,切削区域控制点并不是精确地定位在指定的点上,而是在切削区域起点附近。故在指定切削区域起点位置时,只要指定大概位置即可。

注意事项:当用户不设置切削区域起始点时,系统会自动为每一个切削区域选取一点,作为该切削区域的起点。

1) 切削区域起点设置在左下方,刀具轨迹并不是准确地从该点开始进刀切削零件,而是从该点附近开始进刀。

2) 没有设置切削区域起点,刀具轨迹就根据系统自动计算选取一个进刀点切削零件。

6. 技能提示

1) 粗加工、半精加工、精加工在选择刀具时尽量分开,用同一把刀具无法保证加工精度。

2) 步进速度和进给速度都可以根据机床刀具情况设置,一般不设置步进速度,而采用剪切速度。进给速度应设置得比剪切速度慢。

3) 在父节点组中储存的加工信息,如刀具数据、几何体等都可以被操作所继承。父节点组设定不是 CAM 编程所必需的工作,可以跳过,直接在建立操作时在操作对话框的组设置中进行设置。对于需要建立多个程序来完成加工的工件,使用父节点组方式可以减少重复性的工作。

4) 控制点简单而言就是控制下刀的位置。选择合适的控制点,这就要靠我们平时多总结加工经验。

11. 3 案例1：UG NX 方形凸模零件凸台外轮廓平面铣

1. 要求

如图 11-3 所示方形凸模零件，前面已完成了上表面加工，现在试对其完成凸台外轮廓平面铣。

2. 步骤

（1）与前述方法类似，创建直径为 5mm 的立铣刀（命名为 Mill5） 具体参数设置如图 11-4 所示。

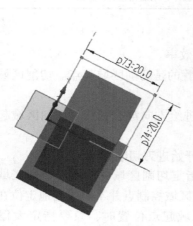

图 11-3 方形凸模

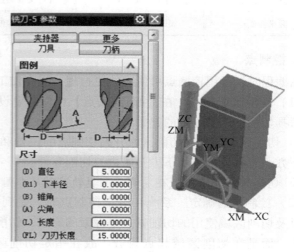

图 11-4 创建铣刀

（2）创建粗铣方形凸模零件的凸台外轮廓工序

1）单击【插入】/【操作】（或单击工具条上的 图标），弹出【创建工序】对话框，选【类型】为【mill_planar】、【子类型】为 （PLANAR-MILL）、【程序】为【NC_PROGRAM】、【几何体】为【GONGJIAN】、【刀具】为【Mill5】、【方法】为【CJG】、【名称】为【CXWLK】，单击【确定】按钮。

2）在弹出的【平面铣】对话框中单击【指定部件边界】按钮，在弹出的【边界几何体】对话框中选择【曲线/边】模式，弹出【创建边界】对话框，按图 11-5 所示

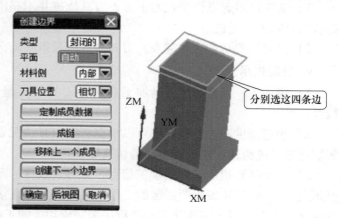

图 11-5 指定部件边界

设置，在绘图区选凸模的上表面四条棱边（注意材料侧为【内部】），单击【创建下一个边界】，再依次单击【确定】/【确定】按钮，返回【平面铣】对话框。

3）单击【指定毛坯边界】按钮，弹出【边界几何体】对话框，选择【曲线/边】模式，弹出【创建边界】对话框，按图 11-6 所示设置，在绘图区选草绘的四条边（注意材料侧为【内部】），单击【创建下一个边界】，再依次单击【确定】/【确定】按钮，返回【平面铣】对话框。

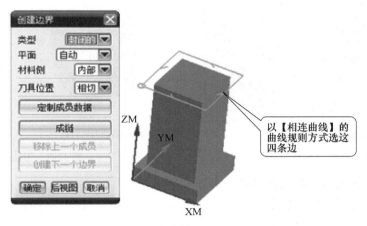

图 11-6　指定毛坯边界

4）单击【指定底面】按钮，弹出【平面】对话框，选底面，偏置距离为加工余量0.5mm，如图 11-7 所示。

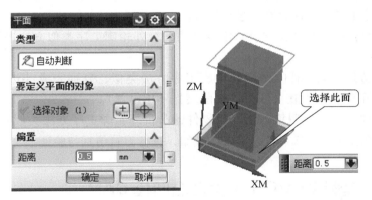

图 11-7　指定底面

5）单击【确定】按钮，返回【平面铣】对话框；单击【切削层】按钮，在弹出的【切削层】对话框中设置【每刀深度】为 2mm，单击【确定】按钮返回【平面铣】对话框。

6）与前述方法类似，分别完成【进给率和速度】与【机床控制】栏下的相应设置，单击【确定】按钮返回【平面铣】对话框。

7）进行刀轨设置，然后单击【生成刀具轨迹】按钮，生成刀轨，如图 11-8 所示。

8）刀轨验证（可视化）：单击按钮，弹出【刀轨可视化】对话框，选【回放】，调整仿真速度到合适，单击播放按钮▼，再依次单击【确定】/【确定】按钮，可通过【3D 动态】与【2D 动态】来显示加工过程，如图 11-9 所示。

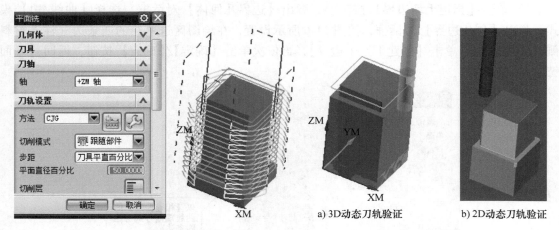

图 11-8　进行刀轨设置并生成刀轨　　　　　　图 11-9　刀轨验证

（3）创建精铣方形凸模零件的凸台外轮廓工序

1）单击【插入】/【操作】（或单击工具条上的 ⭢ 图标），弹出【创建工序】对话框，选【类型】为【mill_planar】、【子类型】为 ⧉（PLANAR-MILL）、【程序】为【NC_PROGRAM】、【几何体】为【GONGJIAN】、【刀具】为【Mill5】、【方法】为【JJG】、【名称】为【JXWLK】，单击【确定】按钮。

2）与粗铣方形凸模零件的凸台外轮廓工序方法一样，在弹出的【平面铣】对话框中对【指定部件边界】【指定毛坯边界】进行设置。

3）指定底面：采用与粗铣方形凸模零件的凸台外轮廓工序类似方法进行底面选择，但偏置距离更改为 0。

4）与粗铣方形凸模零件的凸台外轮廓工序方法类似，分别完成【进给率和速度】与【机床控制】栏下的相应设置（注意【切削层】不用设置）。

5）进行刀轨设置（与粗铣方形凸模零件的凸台外轮廓工序方法类似），然后单击【生成刀具轨迹】图标 ⭢，生成刀轨；单击 📺 按钮，进行刀轨仿真与验证。

11.4　案例 2：UG NX 菱形凸凹模 CAM

1. 要求

图 11-10 所示为某菱形凸凹模的三维实体和工程图，试对其进行铣削加工。

2. 任务分析

本凸凹模需要加工的部位有上下表面与四周侧面、菱形凸台外轮廓表面、菱形凸台内腔、两台阶平面及两端矩形内腔，模具零件精度要求通常较高。本任务的关键是菱形凸台内腔、台阶面及台阶矩形内腔的粗（精）加工操作的创建与动画仿真验证，并生成程序单。

3. 步骤

（1）加工前的准备工作

1）工艺分析。其外形尺寸精度要求不高，因此可以在普通机床上加工出 146mm×

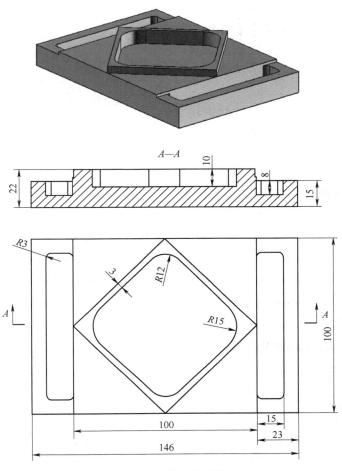

图 11-10　菱形凸凹模

100mm×22mm 的长方体作为毛坯，在数控机床上可不必加工四个侧面及上、下表面。其工序安排见表 11-4。

表 11-4　工序安排

工序号	工序名称	工序内容	所用刀具	主轴转速 /(r/min)	进给速度 /(mm/min)
1	铣加工菱形凸台	铣加工菱形凸台至尺寸	φ10mm 立铣刀	1000	150
2	粗铣两台阶面	粗铣两台阶面，留余量 0.5mm	φ10mm 立铣刀	800	200
3	精铣两台阶面	精铣两台阶面至尺寸	φ6mm 立铣刀	1200	100
4	粗铣菱形内腔	粗铣菱形内腔，留余量 0.5mm	φ10mm 立铣刀	800	200
5	粗铣两端内腔	粗铣两端内腔，留余量 0.5mm	φ6mm 立铣刀	800	200
6	精铣菱形内腔	精铣菱形内腔至尺寸	φ6mm 立铣刀	1200	100
7	精铣两端内腔	精铣两端内腔至尺寸	φ4mm 立铣刀	1200	100

2）创建毛坯。为能看到动画仿真，创建一个 146mm×100mm×22mm 的长方体毛坯，要

与零件重合创建（通过底边反拉伸），不是布尔求和。可单击【编辑】/【对象显示】，选毛坯，拖动【透明度】滚动条将其设为半透明，如图 11-11 所示（也可分为不同层）。

（2）加工环境初始化　单击【开始】/【加工】 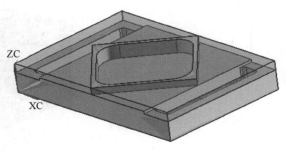，进行加工环境设置，选择【mill-planar】，单击【确定】按钮，进入加工模块。

图 11-11　毛坯

4. 创建刀具（组）

单击【插入】/【刀具】（或单击工具条上的 图标），弹出【创建刀具】对话框；选【类型】为【mill_planar】（平面铣）、【刀具子类型】为【mill】（立铣刀）、刀具位置为【GENERIC MACHINE】，输入【名称】为 LXD10，单击【确定】按钮，弹出【铣刀-5 参数】对话框，设参数：直径为 10mm，调整记录器（补偿寄存器）为 1，刀具号为 1，如图 11-12 所示，单击【确定】按钮完成刀具的创建。同理，创建 ϕ6mm 立铣刀与 ϕ4mm 立铣刀（只需更改相应参数）。

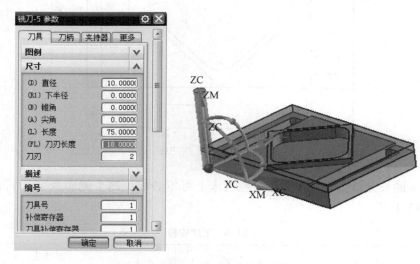

图 11-12　创建刀具

5. 创建几何体

（1）创建坐标系

1）单击【插入】/【几何体】（或单击工具条上的 图标），在弹出的【创建几何体】对话框中，按图 11-13 所示设置参数，单击【确定】按钮。

2）在弹出的【MCS】对话框中单击【指定 MCS】栏后的 按钮，弹出【CSYS】对话框，在【操控器】栏下的【指定方位】后单击 按钮，在弹出的【点构造器】中输入（73，50，20）（设置加工坐标系原点在零件上表面中心处），单击【确定】按钮，如图 11-14 所示。

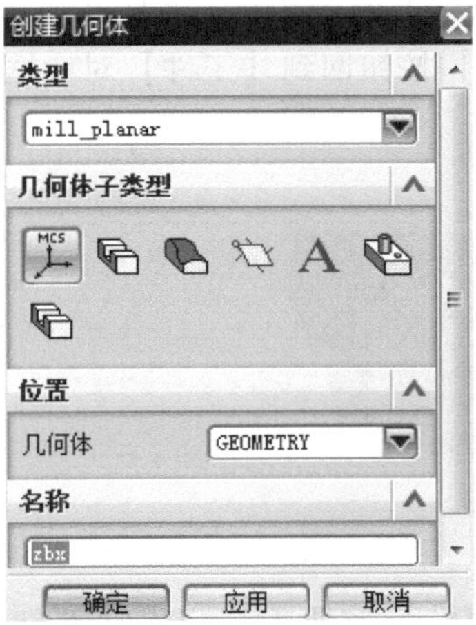

图 11-13　创建几何体

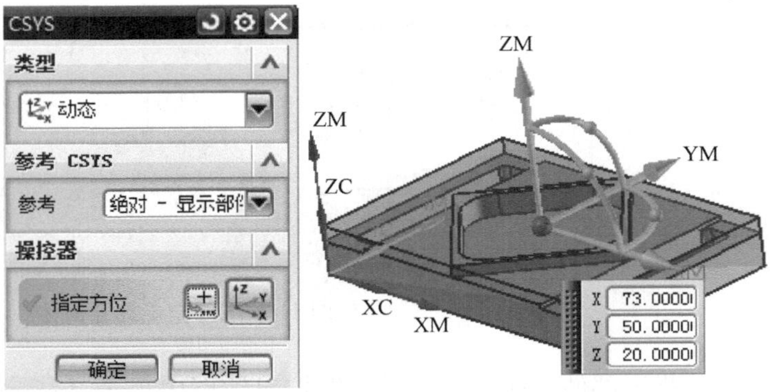

图 11-14　设置加工坐标系

3）在返回的【MCS】对话框中进行安全平面设置，如图 11-15 所示，单击【确定】按钮。

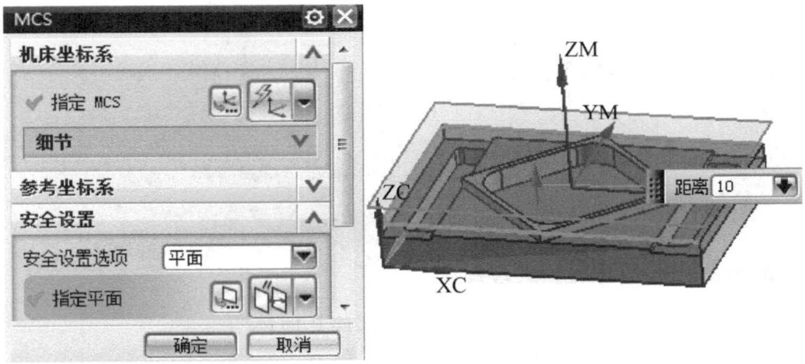

图 11-15　设置安全平面

（2）创建工件（毛坯）　单击工具条上的图标，在弹出的【创建几何体】对话框中按图 11-16 所示进行参数设置，单击【确定】按钮，弹出【工件】对话框。

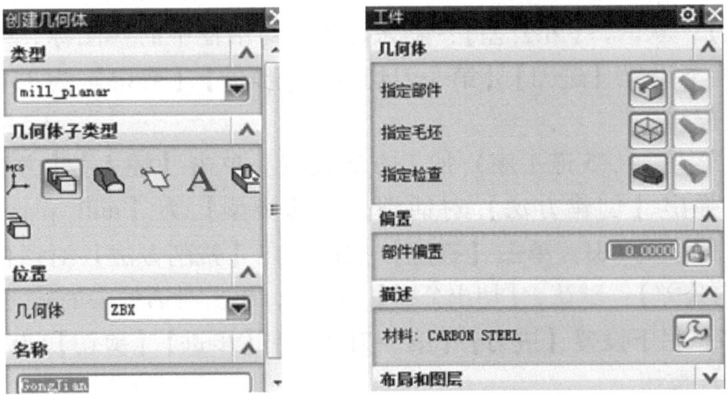

图 11-16　创建几何体

1）指定毛坯。在【工件】对话框中单击【指定毛坯】按钮，弹出【毛坯几何体】对话框，在绘图区选择毛坯体，如图 11-17 所示，单击【确定】按钮回到【工件】对话框。

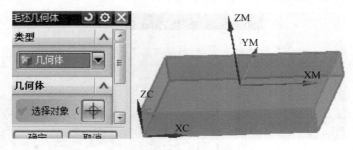

图 11-17　指定毛坯几何体

2）指定部件。在返回的【工件】对话框中单击【指定部件】按钮，弹出【部件几何体】对话框，如图 11-18 所示，在【部件导航器】区域通过右键将毛坯体隐藏，在绘图区选凸凹模零件，单击【确定】按钮回到【工件】对话框，再次单击【确定】按钮，完成工件（毛坯）的创建。

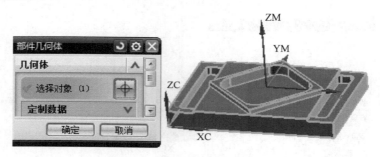

图 11-18　指定部件几何体

6. 创建加工方法

1）第 1 道工序 XX 铣削方法设置。单击【插入】/【方法】（或单击工具条上的图标），弹出【创建方法】对话框，选【类型】为【mill_planar】、【位置】为【METHOD】、【名称】为 XX（铣削），单击【确定】按钮，在弹出的【铣削方法】对话框中设置【部件余量】：0，【内公差】：默认，【外公差】：默认，单击对话框中的图标，弹出【进给】对话框，在【更多】栏下设置【进刀】【第一刀切削】【步进】【剪切】为 150mm/min，其余为 0，单击【确定】按钮。

2）粗加工（第 2、4、5 道工序）加工方法设置。单击【插入】/【方法】（或单击工具条上的图标），弹出【创建方法】对话框，选【类型】为【mill_planar】、【位置】为【METHOD】、【名称】为 CJJ，单击【确定】按钮，在【铣削方法】对话框中设置【部件余量】：0.5mm，【内公差】：默认，【切出公差】：默认，单击对话框中的图标，弹出【进给】对话框，在【更多】栏下设置【进刀】【第一刀切削】【步进】【剪切】为 200mm/min，其余为 0，单击【确定】按钮。

3）精加工方法（第 3、6、7 道工序）设置。单击【插入】/【方法】（或单击工具条上的（🔲图标），弹出【创建方法】对话框，选【类型】为【mill_planar】、选【位置】为【METHOD】、【名称】为 JJG（精加工），单击【确定】按钮，在【铣削方法】对话框中设置【部件余量】：0，【内公差】：0.03mm，【切出公差】：0.03mm，单击对话框中的🔲图标，弹出【进给】对话框，在【更多】栏下设置【进刀】【第一刀切削】【步进】【剪切】为 100mm/min，其余为 0，单击【确定】按钮。

7. 创建铣削菱形凸台工序

1）单击【插入】/【工序】（或单击工具条上的🔲图标），弹出【创建工序】对话框，选【类型】为【mill_planar】、【子类型】为🔲（PLANAR-MILL）、【程序】为【NC_PROGRAM】、【几何体】为【GONGJIAN】、【刀具】为【LXD10】、【方法】为【XX】、【名称】为 XLXTT，单击【确定】按钮，在弹出的【平面铣】对话框中单击【指定部件边界】按钮🔲，弹出【边界几何体】对话框，在【模式】下选【面】模式（同时勾选【忽略孔】和【忽略岛】），选零件（菱形）表面，如图 11-19 所示，单击【确定】按钮。

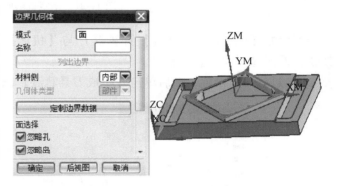

图 11-19　指定边界几何体

2）在返回的【平面铣】对话框中单击第二个图标🔲，用来指定毛坯边界，单击【选择】，弹出【边界几何体】对话框，如图 11-20 所示，显示隐藏毛坯，选上表面以定义毛坯边界，单击【确定】按钮。

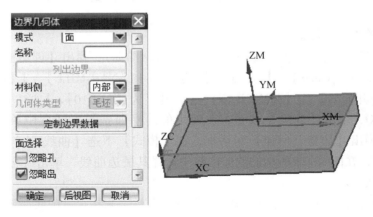

图 11-20　指定毛坯边界

3）在返回的【平面铣】对话框中单击第六个图标🔲来指定铣削底面，弹出【平面】对话框，选外轮廓上表面（图 11-21）为铣削底面，单击【确定】按钮。

4）在返回的【平面铣】对话框中单击【切削层】按钮🔲，在弹出的【切削层】对话框中设置【每刀深度】为 2mm，单击【确定】按钮返回【平面铣】对话框。

5）与前述方法类似，分别完成【进给率和速度】（【主轴转速】输入 1000r/min，然后

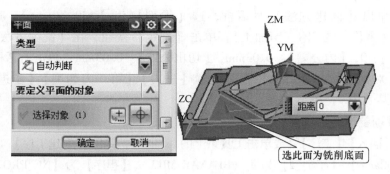

图 11-21　指定铣削底面

单击其后的【生成进给与速度】计算器）与【机床控制】栏下的相应设置，单击【确定】按钮，返回【平面铣】对话框。

6）进行刀轨设置，然后单击【生成刀具轨迹】图标 ，生成刀轨，如图 11-22 所示。

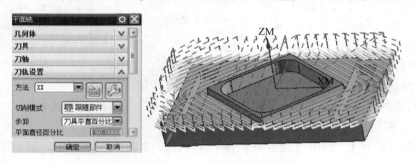

图 11-22　进行刀轨设置并生成刀轨

8. 创建粗铣菱形内腔工序

1）单击【插入】/【工序】（或单击工具条上的 图标），弹出【创建工序】对话框，选【类型】为【mill_planar】、【子类型】为 （PLANAR-MILL）、【程序】为【NC_PROGRAM】、【几何体】为【GONGJIAN】、【刀具】为【LXD10】、【方法】为【CJJ】、【名称】为 CXLXNQ，单击【确定】按钮，在弹出的【平面铣】对话框中单击【指定部件边界】按钮 ，弹出【边界几何体】对话框，在【模式】下选【曲线/边】模式（注意：材料侧改为外侧），在图 11-23 所示的菱形内腔中选择其棱边曲线，单击【创建下一个边界】，单击【确定】按钮。

2）在返回的【平面铣】对话框中单击第六个图标 来指定铣削底面，弹出【平面】对话框中，选【菱形内腔】底平面为铣削底面，【偏置】输入 0.5（为精加工留 0.5mm 余量），单击【确定】按钮。

3）在返回的【平面铣】对话框中单击【切削层】按钮 ，在弹出的【切削层】对话框中设置【每刀深度】为 2mm，单击【确定】按钮，返回【平面铣】对话框。

4）与前述方法类似，分别完成【进给率和速度】（【主轴转速】输入 800r/min，然后单击其后的【生成进给与速度】计算器）与【机床控制】栏下的相应设置，单击【确定】按钮返回【平面铣】对话框。

5）进行刀轨设置，然后单击【生成刀具轨迹】图标 ，生成刀轨，如图 11-23 所示。

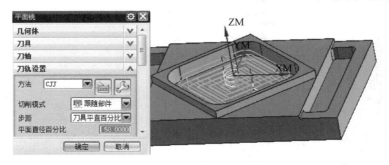

图 11-23 粗铣内腔刀轨

9. 创建精铣菱形内腔工序

1）单击【插入】/【工序】，弹出【创建工序】对话框，将【刀具】改为【LXD6】、【方法】更改为【JJG】、【名称】更改为 JXLXNQ，其他的设置与粗铣菱形内腔工序相同。

2）指定【菱形内腔】底平面为铣削底面，但【偏置】值更改为 0。

3）与前述方法类似，分别完成【进给率和速度】（【主轴转速】输入 1200r/min）与【机床控制】栏下的相应设置。

4）刀轨设置与粗铣菱形内腔工序一致。

10. 创建粗铣两端台阶面工序

因该零件两端的台阶面没有在同一水平面上的边界，因此在加工这个部位时，无论是选择面还是选择边界都不易操作（会将所有的菱形边一同往下切削成同一水平面）。为使操作方便，对此零件作辅助面。从加工环境切换到建模环境，绘两个与要切削去的面域重合的矩形，单击【插入】/【曲线】/【直线】，将两端的内腔表面轮廓曲线连成封闭截面曲线（图 11-24），单击【插入】/【曲面】/【有界平面】（或在工具条选项中调出），依次单击【确定】/【确

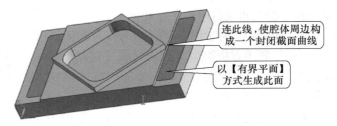

连此线，使腔体周边构成一个封闭截面曲线

以【有界平面】方式生成此面

图 11-24 补面

定】按钮（创建两个有界平面），回到【加工】模块（注：也可用【直纹面】来作这两个辅助面）。以 ZBX 为父系组再次创建【几何体】（名称为 GONGJIAN1），方法与前文类似，但在（指定部件）时要在绘图区将凸凹模零件及所创建的两个辅助面都选中。

1）单击【插入】/【工序】（或单击工具条上的 图标），弹出【创建工序】对话框，按图 11-25 所示设置参数，单击【确定】按钮。

2）在弹出的【面铣】对话框中单击【指定面边界】栏后的 按钮，弹出【指定面几何体】对话框，【过滤器类型】选 ，在绘图区分别选两端台阶面和有界平面（图 11-26），单击【确定】按钮。

3）与前述方法类似，分别完成【进给率和速度】（【主轴转速】输入 800r/min）与【机床控制】栏下的相应设置，单击【确定】按钮，返回【平面铣】对话框。

图 11-25　创建工具

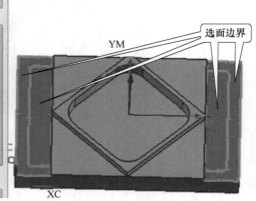

图 11-26　指定边界

4）将【毛坯距离】设为 3mm（即台阶面到菱形凸台外轮廓底面的距离）。

5）进行刀轨设置，如图 11-27 所示，然后单击【生成刀具轨迹】图标 ，生成刀轨。

11. 创建精铣两端台阶面工序

1）单击【插入】/【工序】，弹出【创建工序】对话框，选刀具为【LXD6】，方法为【JJG】，其他设置与粗铣两端台阶面工序相同。

2）指定面边界与粗铣两端台阶面工序相同。

3）与前述方法类似，分别完成【进给率和速度】（【主轴转速】输入 1200r/min）与【机床控制】栏下的相应设置。

4）将【毛坯距离】设为 0.5mm（即加工余量）。

图 11-27　刀轨设置

5）刀轨设置与粗铣两端台阶面工序类似，单击【生成刀具轨迹】图标 ，生成刀轨。

12. 创建粗铣两端内腔工序

为避免影响操作，将创建的两辅助面（有界平面或直纹面）隐藏。

1）单击【插入】/【工序】（或单击工具条上的 图标），弹出【创建工序】对话框，按图 11-28 所示设置，单击【确定】按钮。

2）在弹出的【面铣削区域】对话框中单击【指定切削区域】栏后的 按钮，弹出【切削区域】对话框，在绘图区分别选两端腔体底面，单击【确定】按钮。

3）【毛坯距离】设为 8mm（即两端内腔底面到两台阶面的距离）。

4）与前述方法类似，分别完成【进给率和速度】（【主轴转速】输入 800r/min）与【机床控制】栏下的相应设置，单击【确定】按钮返回【平面铣】对话框。

5）进行刀轨设置，如图 11-29 所示，然后单击【生成刀具轨迹】图标 ，生成刀轨。

图 11-28　创建工序

图 11-29　刀轨设置

13. 创建精铣两端内腔工序

1）单击【插入】/【工序】，弹出【创建工序】对话框，选刀具为【LXD4】、方法为【JJG】，其他设置与粗铣两端内腔工序相同。

2）指定面边界与粗铣两端内腔工序相同。

3）与前述方法类似，分别完成【进给率和速度】(【主轴转速】输入 1200r/min) 与【机床控制】栏下的相应设置。

4）将【毛坯距离】设为 0.5mm（即加工余量）。

5）刀轨设置与粗铣两端小平面工序类似，单击【生成刀具轨迹】图标 ，生成刀轨。

14. 观看全部操作的动画模拟

打开【工序导航器】，在其中选共同的几何体【GONGJIAN】或选其父本组【ZBX】，单击工具条中的 图标，取消勾选【刀轨生成】4 个复选项，单击【确定】按钮，单击 按钮，在【可视化刀轨轨迹】中选择【动态】，调整仿真速度后单击【播放】按钮。

注：在【工序导航器】中选中对象右击，可进行编辑。在【程序次序视图】下可以通过拖动来改变加工顺序。

15. 后处理生成加工程序

打开【工序导航器】，在其中选共同的几何体【GONGJIAN】或选其父本组【ZBX】，单击工具条中的 图标，在【后处理】对话框中选【可用机床】为【MILL-3-AXIS】，选程序文件的存储路径，单击【确定】按钮。

11.5　项目测试与学习评价

一、学习任务项目测试

测试 1：UG NX 凸凹模加工

要求：如图 11-1 所示，完成凸凹模的台阶表面及内腔加工（厚度及深度尺自定）。

测试 2：UG NX 3D 平面铣

要求：完成图 11-30 所示凸模零件加工。凸台高 10mm，凸模上凹槽深度为 3mm，侧壁为直壁，使用 ϕ16mm 的平底刀进行加工，一次加工到位。在操作创建前已经完成几何体与刀具的创建。

测试 3：UG NX 凸模零件加工

要求：如图 11-31 所示，在正方体毛坯上铣削平面、凸台，完成钻孔、倒角及攻螺纹操作。

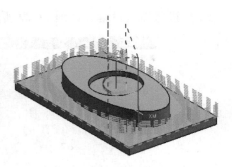

图 11-30　椭圆凸凹模

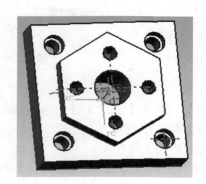

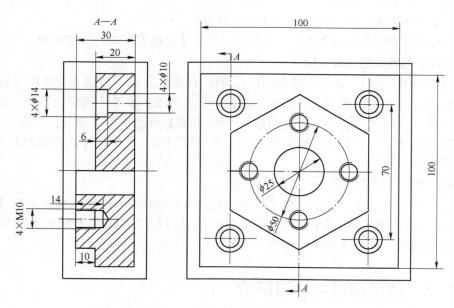

图 11-31　凸模

二、学习评价

1. 自评（表 11-5）

表 11-5　学生自评表

班级		组名		日期	年　月　日
评价指标	评价内容			分数	分数评定
信息检索	能有效利用网络、图书资源查找有用的相关信息等；能将查到的信息有效地传递到学习中			10	
感知课堂生活	熟悉数字化建模与制造岗位，认同工作价值；在学习中能获得满足感			10	
参与态度	积极主动与教师、同学交流，相互尊重、理解；与教师、同学能够保持多向、丰富、适宜的信息交流			10	
	能处理好合作学习和独立思考的关系，做到有效学习；能提出有意义的问题或能发表个人见解			10	
知识（技能）获得	能正确拟定加工方案			20	
	能按要求完成凸模、凸凹模的 CAM			20	
思维态度	能发现问题、提出问题、分析问题、解决问题、创新问题			10	
自评反馈	能按时按质完成任务；较好地掌握了技能点；具有较强的信息分析能力和理解能力；具有较为全面严谨的思维能力并能条理清楚地表达成文			10	
自评分数					
有益的经验和做法					
总结反馈建议					

2. 互评（表 11-6）

表 11-6　互评表

班级		组名		日期	年　月　日
评价指标	评价内容			分数	分数评定
信息检索	能有效利用网络、图书资源、工作手册查找有用的相关信息等；能用自己的语言有条理地去解释、表述所学知识；能将查到的信息有效地传递到工作中			10	
感知工作	熟悉工作岗位，认同工作价值；在工作中能获得满足感			10	

（续）

班级		组名		日期	年　月　日
评价指标	评价内容			分数	分数评定
参与态度	积极主动参与工作，吃苦耐劳，崇尚劳动光荣、技能宝贵；与教师、同学相互尊重、理解；与教师、同学能够保持多向、丰富、适宜的信息交流			10	
	能探究式学习、自主学习，处理好合作学习和独立思考的关系，做到有效学习；能提有意义的问题或能发表个人见解；能按要求正确操作；能倾听别人意见、协作共享			10	
学习方法	学习方法得当，有工作计划；操作技能符合规范要求；能按要求正确操作；能获得进一步学习的能力			10	
工作过程	遵守管理规程，操作过程符合现场管理要求；平时上课的出勤情况和每天完成工作任务情况；善于多角度分析问题，能主动发现、提出有价值的问题			10	
思维态度	能发现问题、提出问题、分析问题、解决问题、创新问题			10	
知识与技能的把握	能按时按质完成工作任务；较好地掌握了以下专业技能点：UG NX 实体轮廓加工编程通用过程，UG NX 实体轮廓加工中的刀具、几何体、加工方法的创建等			30	
互评分数					
有益的经验和做法					
总结反馈建议					

3. 师评（表 11-7）

表 11-7　教师评价表

班级		组名			姓名	
出勤情况						
序号	评价内容	评价要点	考查要点	分数	分数评定标准	得分
一	问题回答与讨论	引导问题内容细节	发帖与跟帖	8	发帖与表达准确度	
			讨论问题		参与度、思路或层次清晰度	

（续）

班级			组名			姓名	
出勤情况							
序号	评价内容	评价要点	考查要点	分数	分数评定标准		得分
二	学习任务实施	依据任务内容确定学习计划	分析凸模、凸凹模 CAM 创建步骤关键点准确	8	思路或层次不清扣 1 分		
			涉及知识、技能点准确且完整		不完整扣 1 分，分工不准确扣 1 分		
		CAM 程序创建过程	刀具、加工方法、几何体（安全平面）等节点创建	65	不合理、不清楚分别扣 5 分		
			模型创建、加工方案拟定、操作的创建；几何体类型和边界几何体的选择模式、生成刀轨、凸模、凸凹模加工的完成		不能正确完成一个步骤扣 5 分		
三	总结	任务总结	依据自评分数	4			
			依据互评分数	5			
			依据个人总结评价报告	10	依据总结内容是否到位给分		
		合计		100			

 11.6　第二课堂：拓展学习

1）依托 3D 动力社，结合全国 3D 大赛要求，对参赛产品进行完善，进一步对接行业标准。

2）工程实战任务：依托企业生产实训基地，进一步了解数控加工过程与方法、UG NX 实体轮廓铣加工方法及相关知识、技能并接受工程实战任务，对接企业生产。

3）课后观看中央电视台播放的《大国工匠》《国之重器》《澎湃动力》等相关宣传片，增长学识，增强民族自豪感。

UG NX 型腔零件CAM

 12.1　导学：学习任务布置与项目分析

一、任务描述

1. 任务书

客户：宜宾某模具公司。

产品：某型腔零件（图 12-1）。

背景：宜宾某模具公司基于客户要求，需完成某型腔零件 CAM。

技术要求：规范、完整。

2. 任务内容

在通盘了解型腔零件结构与特点、UG NX 型腔铣基本操作、固定轴加工基本知识和技术标准、技术要求及相关注意事项的基础上，熟悉 UG NX 型腔铣和固定轴加工基本操作思路和方法，通过运用建模、加工方案的拟定、刀具组与几何体及加工方法的设置等知识，完成型腔零件表面 UG NX CAM 的创建，来进一步理解 UG NX 的各主要功能模块；掌握 UG NX 操作的基本方法，学会型腔零件产品的 UG NX CAM 方法。

3. 学习目标

1）使学生了解型腔零件的结构特点和 UG NX 型腔铣加工的基础知识与基本操作。

2）能熟悉 UG NX 型腔铣加工编程通用过程。

3）了解型腔零件加工工艺规程。

4）熟悉型腔铣的特点与应用。

5）进一步学会型腔铣的创建，生成刀轨并进行检验。

6）能学会 UG NX 顶部面精加工、侧面精加工、清根（角）加工等操作。

7）通过学习进程，培养学生在处理各项加工编程细节方面的耐心及专注专研的职业精神。

二、问题引导与分析

1. 工作准备

1）阅读学习任务书，完成分组及组员间分工。

2）学习 UG NX 型腔铣编程操作。

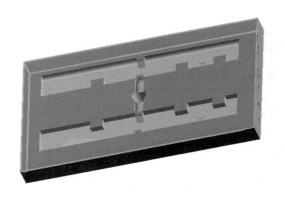

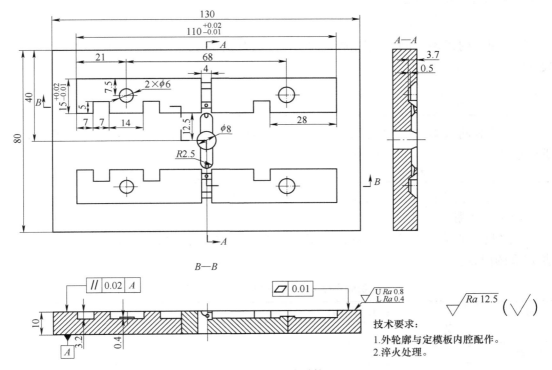

图 12-1　型腔零件

3）完成型腔零件表面 CAM 操作任务。

4）展示作品，学习评价。

2. 任务项目分析与解构

此型腔零件的加工按结构特点分为上、下表面和四个侧面的加工与流道轮廓加工、内腔轮廓加工等几个细项。因上表面加工与前述章节加工方法一致，在此可参照进行，流道加工在此暂不考虑。对于内腔壁存在尖角、锐角处，要以电火花加工才能实现，在此也暂时忽略，重点在于针对内腔曲面，可以安排型腔铣来进行粗加工和半精加工及区域轮廓铣精加工，并设有清根。通过创建上述加工操作，生成刀轨并进行仿真，学会 UG NX 型腔加工操作，从而达成本次学习任务目标。

3. 获取资讯

 引导问题 1：型腔零件有何结构特点？如何分析其 CAM 工艺？完成表 12-1 的内容。

表 12-1　型腔零件 UG NX CAM 工艺

内容	截取示意图	主要操作要点
型腔零件结构特点		
型腔零件加工工艺分析		

引导问题 2：如何理解型腔加工的特点与应用？UG NX 型腔铣加工有哪些主要操作步骤？截图说明操作方法。

引导问题 3：如何应用型腔铣的工作方法及驱动方式？它们有何作用？有什么样的要求？

引导问题 4：加工中控制空行程有何实际意义？这对于加工过程中的节能减材有何重要意义？

4. 工作计划

按照收集的信息和决策过程，根据软件编程处理步骤、操作方法、注意事项，完成表 12-2 的内容。

表 12-2　型腔零件 UG NX 三维实体轮廓加工工作方案

步骤	工作内容	负责人
1		
2		
3		

12.2　UG NX 型腔铣的基本知识

一、UG NX 型腔铣的应用特点

型腔铣利用实体、曲面或曲线来定义加工区域，主要用于加工带有斜度、曲面轮廓外壁及内腔壁的结构，常用于粗加工。型腔铣常为两轴联动，铣削分层，加工后表面呈台阶状。由于同一个加工表面其斜度不同，为使粗加工后余量均匀，在分层时每一层的厚度不能一成不变，应根据加工表面的倾斜程度将其划分为若干个区域，每一区域定义不同的分层厚度，其原则是壁越陡，每一层的深度越大。

二、型腔铣关键技能点

1. 几何体的指定

在【型腔铣】加工操作的【几何体】选项卡中有【指定部件】、【指定毛坯】、【指定检查】、【指定切削区域】和【指定修剪边界】五个选项。与平面加工几何体有所不同，【平面铣】的几何体是用边界来定义的，而【型腔铣】却是用边界、面、曲线和体来定义的；通常我们在几何视图中已经定义好部件和几何体，只需在创建操作时直接选择已定义的部件几何体。

（1）指定部件　在【型腔铣】加工操作中，所指定部件是最终要加工出来的形状，而这里定义的部件本身就是一个保护体，在加工中刀具路径不会到达部件几何体，否则就是过切。在创建【型腔铣】操作时，此操作已继承了几何体 WORKPIECE 的父级组关系，因此在型腔铣中不需要再指定部件。

（2）指定毛坯　在【型腔铣】加工操作中，指定毛坯是作为要切削的材料，而这里指定毛坯几何体本身就是被切削的材料，实际上就是部件几何体与毛坯几何体的布尔运算，公共部件被保留，求差得出的部分是切削范围。

（3）指定检查　指定检查是用来定义不想触碰的几何体，即避开不想加工到的位置。例如：夹住部件的夹具就是不能加工的部分，需要用检查几何体来定义，移除夹具的重叠区域使之不被切削。指定检查余量值（在【切削参数】对话框中单击【余量】）以控制刀具与检查几何体的距离（通过检查体我们还可以自己作一些辅助的线与面，把刀路规划得更合理）。

（4）指定切削区域（一般情况下不需要指定切削区域）指定切削区域是用来创建局部加工的范围，可以通过选择曲面区域、片体或面来定义【切削区域】。例如在一些复杂的模具加工中，往往有很多区域需要分开加工，此时定义切削区域就可以对指定的区域进行加工。在定义切削区域时一定要注意：【切削区域】的每个成员都必须是【部件几何体】的子集。例如，如果将面选为【切削区域】，则必须将此面选为【部件几何体】，或此面属于已选为【部件几何体】的一部分。如果将片体选为【切削区域】，则还必须将同一片体选为【部件几何体】；如果不指定【切削区域】，系统会将整个已定义的【部件几何体】（不包括刀具无法接近的区域）当作切削区域。定义切削区域后，【切削参数】选项中的【延伸刀轨】选项卡才会起作用。

（5）指定修剪边界　修剪边界主要是用来修剪掉不想要的刀轨。修剪边界的运用可以使刀路更加优化，在使用修剪边界的同时需要确定工件能够完整地加工。

2. 切削层

型腔铣可以将总切削深度划分成多个切削范围，同一个范围内切削层的深度相同，不同范围内切削层的深度可以不同。切削层主要是用来控制所加工模型的深度；在【型腔铣】操作中，只有定义了【部件几何体】，切削层才会启用，否则此选项将不起作用，以灰色状态显示。可以在【型腔铣】操作对话框的【刀轨设置】选项中进行切削层设置操作。单击【切削层】图标可弹出【切削层】对话框，同时在模型里也显示出切削层。

（1）范围类型　分为三种：自动生成、用户定义、单个。

1）自动生成。将范围设置为与任何水平平面对齐。只要没有添加或修改局部范围，切削层将保持与部件的关联性。软件将检测部件上新的水平表面，并添加临界层与之匹配。

2）用户定义。通过定义每个新的范围的底平面创建范围。通过选择面定义的范围将保持与部件的关联性，但不会检测新的水平表面，将根据部件和毛坯几何体设置一个切削范围。

3）单个。将根据部件和毛坯几何体设置一个切削范围。

切削层在数控加工中的灵活运用，对于更合理地编制刀路和实现更有效的加工有着重大的意义。通过切削层的定义，可以分别定义切削层，控制切削范围（如在使用型腔铣粗加工时，一般的原则是"能短刀则不长刀"，这就涉及使用切削层来控制加工范围，分层粗加工毛坯。这样更有利于刀具的合理运用，保证加工效率）。

（2）切削深度的设置

1）不同的切削范围可以设置不同的切削深度，也可设置相同的切削深度。

2）切削深度确定的原则。越陡峭的面允许越大的切削深度（结合切削条件，如刀具、机床等因素），越接近水平的切削面切削深度应越小（保证加工后残余材料高度均匀一致，以满足精加工的需要）。

（3）切削范围的调整

1）插入切削范围。通过单击可以添加多个切削范围；选择【添加新集】范围；选择一个点、一个面，或输入【范围深度】值来定义新范围的底面（如有必要，可输入新的【局部每刀切削深度】值。注意事项：所创建的范围将从该平面向上延伸至上一个范围的底面，如果新创建的范围之上没有其他范围，该范围将延伸至顶层。如果选定了一个面，系统将使用该面上的最高点来定位新范围的底面。该范围将保持与该面的关联性。如果修改或删除了该面，将相应地调整或删除该范围）。单击【确定】按钮接受新的范围并关闭对话框。

2）编辑当前范围。通过单击可以编辑切削范围的位置。注意：最顶层与最底层之间如果有台阶面，必须指定为一个切削层，否则留余量时这个台阶面上的余量将不等于所设定的余量。

3）更改范围类型。通过单击可以编辑切削数值范围。

注意：如果所有切削层都是由系统生成的（例如最初由【自动生成】创建），那么从【用户自定义】进行更改时，系统不会发出警告。只有当用户至少定义或更改了一个切削层后，系统才会发出警告。

12.3 案例 1：UG NX 球面型腔固定轴曲面轮廓铣削

一、要求

图 12-2 所示摩擦圆盘的压铸模材料为 H13，零件由 1 个球面型腔和 5 个凸台组成，其外侧已加工到位，现在试对其完成内腔曲面轮廓铣。

二、步骤

1. 创建毛坯

创建一个外形与零件一致的圆柱形毛坯，可单击【编辑】/【对象显示】选毛坯，拖动

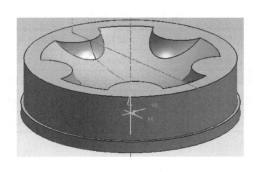

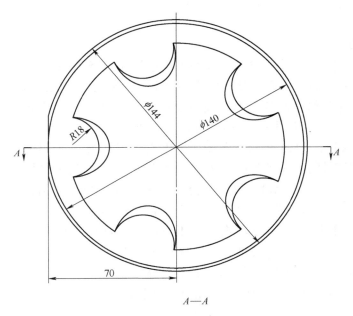

$A—A$

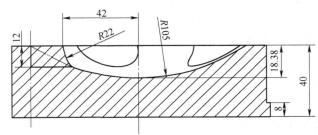

图 12-2　压铸模球面型腔

【Translucency】滚动条将其设为半透明（也可分为不同层）。

2. 工艺分析

零件毛坯外形已车削成形，仅用立式加工中心加工球面凹腔。型腔零件表面精度要求较高，安排有型腔铣粗加工、固定轮廓铣半精加工、区域轮廓铣精加工。由于球面型腔和 5 个凸台间存在相贯结构，其过渡处还需安排【清根】工序。工序安排见表 12-3。

表 12-3　工序安排

工序号	工序名称	工序内容	所用刀具	主轴转速/(r/min)	进给速度/(mm/min)
1	粗加工	粗加工，留余量 0.8mm	ϕ12mm 立铣刀	800	200
2	半精加工	半精铣曲面，留余量 0.3mm	ϕ8mm 球头铣刀	1500	150
3	精加工	精加工至尺寸	ϕ6mm 球头铣刀	2000	100
4	清根加工	清根	ϕ2mm 球头铣刀	3000	100

3. 加工环境初始化

单击【应用】/【加工】，依次选择【cam_general】/【mill_counter】，单击【初始化】按钮。

4. 创建刀具组

1）单击【插入】/【刀具】（或单击【加工生成】工具条上的图标），选【类型】为【mill_counter】（平面铣）、【子类型】为【MILL】（立铣刀）、【父本组】为【GENERIC_MACHINE】、刀具【名称】为 MILL12，设参数为：直径 12mm，调整记录器（补偿寄存器）为 1，刀具号为 1（其他为默认），单击【确定】按钮。

2）单击【插入】/【刀具】（或单击【加工生成】工具条上的图标），选【类型】为【mill_counter】（平面铣）、【子类型】为（球头铣刀）、【父本组】为【GENERIC_MA-CHINE】、刀具【名称】为 BALL-MILL8，设参数为：直径 8mm，调整记录器（补偿寄存器）为 2，刀具号为 2（其他为默认），单击【确定】按钮。

3）单击【插入】/【刀具】（或单击【加工生成】工具条上的图标），选【类型】为【mill_counter】（平面铣）、【子类型】为（球头铣刀）、【父本组】为【GENERIC_MA-CHINE】、刀具【名称】为 BALL-MILL6，设参数为：直径 6mm，调整记录器（补偿寄存器）为 3，刀具号为 3（其他为默认），单击【确定】按钮。

4）单击【插入】/【刀具】（或单击【加工生成】工具条上的图标），选【类型】为【mill_counter】（平面铣）、【子类型】为（球头铣刀）、【父本组】为【GENERIC_MA-CHINE】、刀具【名称】为 BALL-MILL2，设参数为：直径 2mm，调整记录器（补偿寄存器）为 4，刀具号为 4（其他为默认），单击【确定】按钮。

5. 创建几何体

1）单击【插入】/【几何体】（或单击【加工生成】工具条上的图标，选【类型】为【mill_counter】、【子类型】为、【父本组】为【GEOMETRY】、【名称】为 ZBX，单击【确定】按钮弹出【机床坐标系】对话框，选第三个图标指定加工坐标系原点，在【点构造器】中输入坐标值（设置加工坐标系原点在毛坯上表面中心处），单击【确定】按钮，设置【安全平面】：勾选对话框中【间歇（隙）】复选项，单击其下的【指定】按钮，弹出【平面构造】对话项，选图标，在【偏置】输入 60mm，单击【确定】按钮（或选毛坯上表面偏置 20mm）。

2）单击【插入】/【几何体】，选【类型】为【mill_counter】、【子类型】中的第五个图标【WORKPIECE】、选【父本组】为刚才创建好的坐标系【ZBX】、【名称】为 GONGJIAN，单击【确定】按钮，弹出【WORKPIECE】（工件设置）对话框，选第二个图标来定义毛坯，单击【选择】按钮，弹出【毛坯几何体】对话框，选刚才创建的毛坯，依次单击【确定】/【确定】按钮（为避免作为毛坯的长方体影响后续操作，可隐藏），回到【WORKPIECE】（工件设置）对话框，选第一个图标来定义零件几何体，单击【选择】按钮，选择零件后单击【确定】按钮。

6. 创建加工方法

（1）粗加工方法设置　单击【插入】/【方法】（或单击【加工生成】工具条上的图标），弹出【创建方法】对话框，选【类型】为【mill_counter】、【父本组】为【METHOD】、【名称】为 CJG，单击【确定】按钮，在【MILL-METHOD】对话框中设置：【部件余量】为 0.8mm、【内公差】为默认、【切出公差】为默认，单击对话框中的图标，弹出【进给率与速度】对话框，设置【进刀】【第一刀切削】【步进】【剪切】为 200mm/min，其余为 0，单击【确定】按钮。

（2）半精加工方法设置　单击【插入】/【方法】（或单击【加工生成】工具条上的图标），弹出【创建方法】对话框，选【类型】为【mill_counter】、【父本组】为【METHOD】、【名称】为 BJJG，单击【确定】按钮，在【MILL-METHOD】对话框中设置：【部件余量】为 0.3mm、【内公差】为默认、【切出公差】为默认，单击对话框中的图标，弹出【进给率与速度】对话框，设置【进刀】【第一刀切削】【步进】【剪切】为 150mm/min，其余为 0，单击【确定】按钮。

（3）精加工方法设置　单击【插入】/【方法】（或单击【加工生成】工具条上的图标），弹出【创建方法】对话框，选【类型】为【mill_counter】、【父本组】为【METHOD】、【名称】为 JJG（精加工），单击【确定】按钮，在【MILL-METHOD】对话框中设置【部件余量】为 0、【内公差】为 0.03mm、【切出公差】为 0.03mm，单击对话框中的图标，弹出【进给率与速度】对话框，设置【进刀】【第一刀切削】【步进】【剪切】为 100mm/min，其余为 0，单击【确定】按钮。

7. 创建粗加工操作

1）单击【插入】/【操作】（或单击【加工生成】工具条上的图标），弹出【创建操作】对话框，选【类型】为【mill_counter】、【子类型】为第一个图标【CAVITY-MILL】、【程序】为【NC-PROGRAM】、【几何体】为【GONGJIAN】、【刀具】为【MILL12】、【方法】为【CJG】、【名称】为 CJG，单击【确定】按钮。

2）在弹出的【CAVITY-MILL】对话框中，设【切削方式】为（跟随工件）、【步进】方式为【刀具直径】的 75%、【每一刀的全局深度】为 2mm，单击【切削层】，在【范围深度】选项中输入 18.38mm（表示最终加工到 18.38mm 位置），【每一刀局部深度】改为 1mm，单击【应用】，在【CAVITY-MILL】对话框中选第二个图标，在【范围深度】选项中输入 13mm（为保证粗加工余量的均匀，在陡峭部位每一刀深度可大些，平缓处应选小些，则 18.38mm 又分 13mm 与 5.38mm 两部分），【每一刀局部深度】改为 2mm，单击【确定】按钮返回【CAVITY-MILL】对话框，单击【自动】（设进退刀方式与距离，此处默认），单击【确定】按钮返回【CAVITY-MILL】对话框，单击【切削】，将切削方向改为逆铣，单击【确定】按钮，单击【进给率】，设机床转速为 800r/min，单击【确定】/【机床】，弹出【机床控制】对话框，在【启动命令】下单击【编辑】，弹出【用户自定义事件】对话框，选

【可用的列表】下的【coolant on】，单击【增加】，弹出【冷却液开】对话框，选液态，再依次单击【确定】/【确定】/【确定】按钮返回【ZLEVEL-FOLLOW-CORE】对话框，单击生成刀具轨迹图标 ，弹出【显示参数】对话框，取消勾选复选框，单击【确定】按钮。

3）验证：回到【ZLEVEL-FOLLOW-CORE】对话框，单击确认刀具轨迹图标 ，弹出【可视化刀轨轨迹】对话框，单击【回放】按钮（也可动态仿真），调整到合适的仿真速度，依次单击▼/【确定】/【确定】按钮。

8. 创建半精加工操作

1）单击【插入】/【操作】（或单击【加工生成】工具条上的 图标），弹出【创建操作】对话框，选【类型】为【mill_counter】、【子类型】为 （FIXED-CONTOUR）、【程序】为【NC-PROGRAM】、【几何体】为【GONGJIAN】、【刀具】为【BALL-MILL8】、【方法】为【BJJG】、【名称】为 BJJG，单击【确定】按钮。

2）在【FIXED-CONTOUR】对话框中单击【驱动方式】下拉按钮，单击【边界】，弹出【边界驱动方式】对话框，设【图样】为 ，单击【向内】，设【步进】方式为【刀具直径】的 30%，依次单击【驱动几何体】/【选择】/【模式】，【曲线/边】选内腔零件边界，单击【确定】按钮回到【边界驱动方式】对话框，再依次单击【确定】/【确定】按钮回到【FIXED-CONTOUR】对话框，设机床转速为 1500r/min，单击【机床】，弹出【机床控制】对话框，在【启动命令】下单击【编辑】，弹出【用户自定义事件】对话框，单击【可用的列表】下的【coolant on】，单击【增加】，弹出【冷却液开】对话框，选【液态】，单击【确定】/【确定】/【确定】按钮回到【FIXED-CONTOUR】对话框，单击生成刀具轨迹图标 ，在【显示参数】对话框中取消勾选复选框，单击【确定】按钮。

3）验证：回到【FIXED-CONTOUR】对话框，单击【确认刀具轨迹】图标 ，弹出【可视化刀轨轨迹】对话框，单击【回放】按钮（也可动态仿真），调整到合适的仿真速度，单击▼/【确定】/【确定】按钮。

9. 创建精加工操作

1）单击【插入】/【操作】（或单击【加工生成】工具条上的 图标），弹出【创建操作】对话框，选【类型】为【mill_counter】、【子类型】为 （FIXED-CONTOUR）、【程序】为【NC-PROGRAM】、【几何体】为【GONGJIAN】、【刀具】为【BALL-MILL6】、【方法】为【JJG】、【名称】为 JJG，单击【确定】按钮。

2）在【FIXED-CONTOUR】对话框中单击【驱动方式】下拉按钮，选【区域铣削】，单击【确定】按钮弹出【区域铣削驱动方式】对话框，将【切削方式】设为 ，单击【进给率】，设机床转速为 2000r/min（跟随工件），点选【向外】、【在部件上】，【步进】设为【刀具直径】的 10%，单击【确定】按钮回到【FIXED-CONTOUR】对话框，选 【切削区域】，单击【重新安装】按钮，弹出【切削区域】对话框，选凹球面与凸台侧面，单击【确定】按钮返回【FIXED-CONTOUR】对话框，设主轴转速为 2000r/min，单击【机床】，弹出【机床控制】对话框，在【启动命令】下单击【编辑】，弹出【用户自定义事件】对话框，单击【可用的列表】下的【coolant on】/【增加】，弹出【冷却液开】对话框，选【液态】，依次单击【确定】/【确定】/【确定】按钮回到【FIXED-CONTOUR】对话框，选生成刀具轨迹图标 ，在【显示参数】对话框中取消勾选复选框，单击【确定】按钮。

3）验证：回到【FIXED-CONTOUR】对话框，单击【确认刀具轨迹】图标，弹出【可视化刀轨轨迹】对话框，单击【回放】按钮（也可动态仿真），调整到合适的仿真速度，单击▼/【确定】/【确定】按钮。

10. 创建清根加工操作

1）单击【插入】/【操作】（或单击【加工生成】工具条上的 图标），弹出【创建操作】对话框，选【类型】为【mill_counter】、【子类型】为 （FIXED-CONTOUR）、【程序】为【NC-PROGRAM】、【几何体】为【GONGJIAN】、【刀具】为【BALL-MILL2】、【方法】为【QGJG】、【名称】为 QGJG，单击【确定】按钮。

2）在【FIXED-CONTOUR】对话框中单击【驱动方式】下拉按钮，选【FLOW CUT】（清根加工），【连接距离】设为【多个偏置】，【步进距离】设为 0.5mm，单击【确定】按钮，弹出【FIXED-CONTOUR】对话框，选 【切削区域】，选凸台侧面来定义清根切削区域，单击【确定】按钮返回【FIXED-CONTOUR】对话框，设主轴转速为 3000r/min，单击【机床】，弹出【机床控制】对话框，在【启动命令】下单击【编辑】，在【用户自定义事件】对话框中选【可用的列表】下的【coolant on】，单击【增加】，在【冷却液开】对话框中选【液态】，依次单击【确定】/【确定】/【确定】按钮回到【FIXED-CONTOUR】对话框，选生成刀具轨迹图标 ，在【显示参数】对话框中取消勾选复选框，单击【确定】按钮。

3）验证：回到【FIXED-CONTOUR】对话框，单击【确认刀具轨迹】图标 ，弹出【可视化刀轨轨迹】对话框，单击【回放】按钮（也可动态仿真），调整到合适的仿真速度，单击▼/【确定】/【确定】按钮。

11. 观看全部操作的动画模拟

打开【操作导航器】，在其中选共同的几何体【GONGJIAN】或选其父本组【ZBX】，单击工具条中的 图标，取消勾选【刀轨生成】4 个复选项，单击【确定】 按钮，在【可视化刀轨轨迹】对话框中选【动态】，调整仿真速度后单击【播放】按钮。

注：在【操作导航器】中选中对象右击，可进行编辑。在【程序次序视图】下可以通过拖动来改变加工顺序。

12. 后处理生成加工程序

打开【操作导航器】，在其中选共同的几何体【GONGJIAN】或选其父本组【ZBX】，单击工具条中的 图标，在【后处理】对话框中选【可用机床】为【MILL-3-AXIS】，选择程序文件的存储路径，单击【确定】按钮完成操作。

12.4　案例 2：UG NX 模具型腔 CAM

一、要求

试对图 12-1 所示模具型腔进行 UG NX 数控加工编程设计。

二、任务分析

作为模具的工作零件，型腔的加工表面精度要求较高。根据其结构特点，上下表面可以通过 UG NX 平面铣实现，但内腔因其壁不为直壁（此处为曲面），需安排型腔铣来进行粗加工、半精加工及区域轮廓铣精加工。对于直角，应安排电火花加工，在此限于篇幅未做说明，但安排有清根加工。

三、步骤

1. 加工前的准备工作

（1）工艺分析　已加工出 130mm×80mm×10mm 的长方体作为毛坯，其四个侧面及上、下表面都已加工，在此不再考虑；要加工的有两型腔及流道孔腔。由于型腔零件为精密件，加工要求较高，在此设有型腔铣粗加工、半精加工与区域轮廓铣精加工，并根据零件结构特点，还设有清根（角）加工（因限于篇幅，直角和尖锐处的电火花加工未做说明）。其工序安排见表 12-4。

表 12-4　工序安排

工序号	工序名称	工序内容	所用刀具	主轴转速/(r/min)	进给速度/(mm/min)
1	粗铣型腔	铣两型腔，留余量 0.8mm	φ8mm 立铣刀	800	200
2	半精铣型腔	铣两型腔，留余量 0.2mm	φ4mm 球头铣刀	1000	150
3	区域轮廓铣	铣两型腔至尺寸	φ2.5mm 球头铣刀	3000	100
4	清根（角）加工	对型腔清根（角）	φ2.5mm 球头铣刀	4000	500
5	铣分流道	铣分流道孔腔至尺寸	φ5mm 球头铣刀	800	200
6	钻主流道孔	钻中间的主流道孔	φ8mm 麻花钻	1000	150

（2）创建毛坯　为能看到动画仿真，创建一个 130mm×80mm×10mm 长方体，如图 12-3 所示（方法与前述章节类似）。

图 12-3　创建毛坯

2. 加工环境初始化

单击【开始】/【加工】，进行加工环境设置，选择【mill_contour】，单击【确定】按钮进入加工模块。

3. 创建刀具（组）

（1）创建 φ8mm 立铣刀　单击【插入】/【刀具】（或单击工具条上的图标工具），弹出【创建刀具】对话框；选【类型】为【mill_contour】、【刀具子类型】为【mill】（立铣刀）、【刀具位置】为【GENERIC_MACHINE】，输入【名称】为 LXD8，单击【确定】按钮弹出【铣刀参数】对话框，设参数为：直径为 8mm，调整记录器（补偿寄存器）为 1，刀具号为 1，单击【确定】按钮。

（2）创建 φ4mm 球头铣刀　单击【插入】/【刀具】（或单击工具条上的图标工具），弹出【创建刀具】对话框；选【类型】为【mill_contour】、【刀具子类型】为【BALL_mill】（球头铣刀）、【刀具位置】为【GENERIC_MACHINE】，输入【名称】为 B4，单击【确定】按钮弹出【铣刀参数】对话框，设参数为：直径为 4mm，调整记录器（补偿寄存器）为 2，刀具号为 2，单击【确定】按钮。

（3）创建 φ2.5mm 球头铣刀　单击【插入】/【刀具】（或单击工具条上的 图标工具），弹出【创建刀具】对话框；选【类型】为【mill_contour】、【刀具子类型】为【BALL_mill】（球头铣刀） 、【刀具位置】为【GENERIC_MACHINE】，输入【名称】为 B2.5，单击【确定】按钮弹出【铣刀参数】对话框，设参数为：直径为 2.5mm，调整记录器（补偿寄存器）为 3，刀具号为 3，单击【确定】按钮。

（4）创建 φ5mm 球头铣刀　单击【插入】/【刀具】（或单击 ），弹出【创建刀具】对话框；选【类型】为【mill_contour】、【刀具子类型】为【BALL_mill】（球头铣刀） 、【刀具位置】为【GENERIC_MACHINE】，输入【名称】为 B5，单击【确定】按钮弹出【铣刀参数】对话框，设参数为：直径为 5mm，调整记录器（补偿寄存器）为 4，刀具号为 4，单击【确定】按钮。

（5）创建 φ8mm 麻花钻　单击【插入】/【刀具】（或单击工具条上的 图标工具），选【类型】为【DRILL】（钻刀）、【子类型】为 （麻花钻刀），输入刀具【名称】为 Z8，设参数为：直径为 8mm，刀具号为 5，单击【确定】按钮。

4. 创建几何体

（1）创建坐标系　单击【插入】/【几何体】（或单击工具条上的 图标），在【创建几何体】对话框中按图 12-4 所示设置，单击【确定】按钮。在弹出的【MCS】对话框中单击【指定 MCS】栏后的 按钮，弹出【CSYS】对话框，通过操控器输入坐标、双击翻轴、移动、对齐等方式将加工坐标系调整到合适位置，并按前面章节所述方法进行安全平面设置。

（2）创建工件（毛坯）单击工具条上的 图标，在弹出的【创建几何体】对话框中按图 12-5 所示设置，单击【确定】按钮弹出【工件】对话框。

图 12-4　创建几何体

a) 选择几何体类型和子类型

b)【工件】对话框

图 12-5　创建工件

1）指定毛坯。在【工件】对话框中单击【指定毛坯】图标 ，弹出【毛坯几何体】对话框，在绘图区选择毛坯体，单击【确定】按钮，回到【工件】对话框。

2）指定部件。在返回的【工件】对话框中单击【指定部件】图标 ，弹出【部件几何体】对话框，在【部件导航器】区域通过右键将毛坯体隐藏，在绘图区选型腔，单击【确定】按钮回到【工件】对话框，再次单击【确定】按钮，完成工件（毛坯）的创建。

5. 创建加工方法

（1）CX（粗铣）加工方法设置　单击【插入】/【方法】（或单击工具条上的 图标），

弹出【创建方法】对话框,选【类型】为【mill_contour】、【位置】为【METHOD】、【名称】为 CX(粗铣),单击【确定】按钮,在弹出的【铣削方法】对话框中设置:【部件余量】为 0.8mm、【内公差】为 0.03mm、【外公差】为 0.12mm,单击对话框中的图标,弹出【进给】对话框,在【更多】栏下设置【进刀】【第一刀切削】【步进】【剪切】为 200mm/min,单击【确定】按钮。

(2) BJX(半精铣)加工方法设置 单击【插入】/【方法】(或单击工具条上的图标),弹出【创建方法】对话框,选【类型】为【mill_contour】、【位置】为【METHOD】、【名称】为 BJX,单击【确定】按钮,在弹出的【铣削方法】对话框中设置:【部件余量】为 0.2mm、【内公差】为默认、【切出公差】为默认,单击对话框中的图标,弹出【进给】对话框,在【更多】栏下设置【进刀】【第一刀切削】【步进】【剪切】为 150mm/min,单击【确定】按钮。

(3) JX(精铣)加工方法设置 单击【插入】/【方法】(或单击工具条上的图标),弹出【创建方法】对话框,选【类型】为【mill_contour】、【位置】为【METHOD】、【名称】为 JX,单击【确定】按钮,在弹出的【铣削方法】对话框中设置:【部件余量】为 0、【内公差】为默认、【切出公差】为默认,单击对话框中的图标,弹出【进给】对话框,在【更多】栏下设置【进刀】【第一刀切削】【步进】【剪切】为 100mm/min,单击【确定】按钮。

(4) 清根(角)加工方法设置 单击【插入】/【方法】(或单击工具条上的图标),弹出【创建方法】对话框,选【类型】为【mill_contour】、【位置】为【METHOD】、【名称】为 QG,单击【确定】按钮,在弹出的【铣削方法】对话框中设置:【部件余量】为 0、【内公差】为 0.03mm、【切出公差】为 0.03mm,单击对话框中的图标,弹出【进给】对话框,将【进给率】设为 500mm/min,单击【确定】按钮。

(5) 钻加工方法设置 单击【插入】/【方法】(或单击工具条上的图标),弹出【创建方法】对话框,选【类型】为【DRILL】、【位置】为【DRILL-METHOD】、【名称】为 zx(钻削),单击【确定】按钮,弹出【钻加工方法】对话框,单击【进给】栏后的按钮,主轴转速设为 800r/min,进给速度设为 150mm/min,单击【确定】按钮返回【钻加工方法】,再次单击【确定】按钮,完成钻削加工方法的创建。

6. 创建粗铣型腔内腔工序

1) 单击【插入】/【工序】(或单击工具条上的图标),弹出【创建工序】对话框,按图 12-6 所示进行设置,单击【确定】按钮。

图 12-6 创建工序

2) 在弹出的【型腔铣】对话框中单击【指定切削区域】按钮,在绘图区选择型腔的所有底面(图 12-7),单击【确定】按钮。

3) 在返回的【型腔铣】对话框中采用与前述类似方法,分别完成【进给率和速

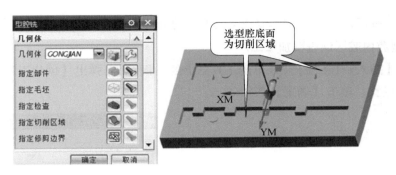

图 12-7　指定切削区域

度】(【主轴转速】输入 800r/min，然后单击其后的【生成进给与速度】计算器）与【机床控制】栏下的相应设置，单击【确定】按钮返回【型腔铣】对话框。

4）按图 12-8 所示设置，然后单击【生成刀具轨迹】图标 ，生成刀轨。

7. 创建半精铣型腔内腔工序

1）单击【插入】/【工序】（或单击工具条上的 图标），弹出【创建工序】对话框，按图 12-9 所示进行设置，单击【确定】按钮。

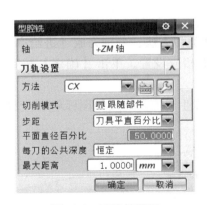

图 12-8　型腔铣设置　　　　图 12-9　创建工序

2）在弹出的【型腔铣】对话框中单击【指定切削区域】按钮 ，在绘图区选择型腔的所有底面，单击【确定】按钮。

3）在返回的【型腔铣】对话框中采用与前述类似方法，分别完成【进给率和速度】(【主轴转速】输入 1000r/min）与【机床控制】栏下的相应设置，单击【确定】按钮，返回【型腔铣】对话框。

4）其余设置与粗加工类似，然后单击【生成刀具轨迹】图标 ，生成刀轨。

5）单击 ▦ 按钮，运行 3D 及 2D 动态仿真，进行刀轨的验证与确认，如图 12-10 所示。

8. 创建型腔内腔区域铣精加工工序

1）单击【插入】/【工序】（或单击工具条上的 ✏ 图标），弹出【创建工序】对话框，按图 12-11 所示设置，单击【确定】按钮。

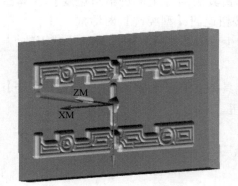

图 12-10　刀轨 3D 验证与确认　　图 12-11　创建内腔区域铣精加工工序

2）在弹出的【轮廓区域】对话框中单击【指定切削区域】按钮 🔲，在绘图区选择型腔的所有底面，单击【确定】按钮。

3）返回【型腔铣】对话框，采用与前述类似方法，分别完成【进给率和速度】(【主轴转速】输入 3000r/min）与【机床控制】栏下相应设置，单击【确定】按钮返回【轮廓区域】对话框。

4）其余设置如图 12-12 所示，然后单击【生成刀具轨迹】图标 ✏，生成刀轨。

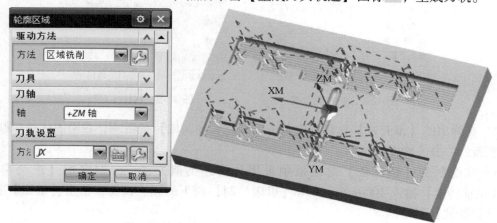

图 12-12　进行【轮廓区域】设置并生成刀具轨迹

5）单击 按钮，运行 3D 及 2D 动态仿真，进行刀轨的验证与确认。

9. 创建型腔内腔清根（角）加工工序

1）单击【插入】/【工序】（或单击工具条上的 图标），弹出【创建工序】对话框，如图 12-13 所示进行设置，单击【确定】按钮。

2）在弹出的【轮廓区域】对话框中单击【指定切削区域】按钮 ，在绘图区选择型腔的所有底面，单击【确定】按钮。

3）在返回的【型腔铣】对话框中采用与前述类似方法，分别完成【进给率和速度】（【主轴转速】输入 4000r/min）与【机床控制】栏下的相应设置，单击【确定】按钮返回【型腔铣】对话框。

4）其余设置如图 12-14 所示，然后单击【生成刀具轨迹】图标 ，生成刀轨。

5）单击 按钮，运行 3D 及 2D 动态仿真，进行刀轨的验证与确认。

图 12-13　创建清根工序

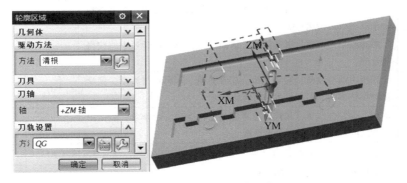

图 12-14　进行清根的【轮廓区域】设置并生成刀轨

注：【铣分流道】与【钻主流道孔】的创建方法与前述内容类似，不再赘述。

12.5　项目测试与学习评价

一、学习任务项目测试

测试 1：UG NX 心形型腔加工
要求：编制好如图 12-15 所示型腔铣加工方案并完成 UG NX 型腔铣加工程序的编制。
测试 2：UG NX 曲面型腔加工
要求：完成如图 12-16 所示腔体的型腔铣粗加工与曲面铣精加工。

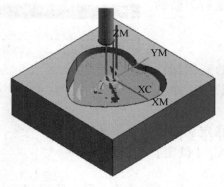

图 12-15　心形型腔

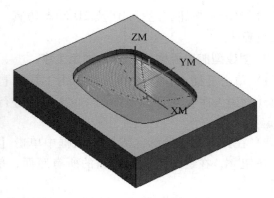

图 12-16　曲面型腔

二、学习评价

1. 自评（表 12-5）

表 12-5　学生自评表

班级		组名		日期	年　月　日
评价指标	评价内容			分数	分数评定
信息检索	能有效利用网络、图书资源查找有用的相关信息等；能将查到的信息有效地传递到学习中			10	
感知课堂生活	熟悉数字化建模与制造岗位，认同工作价值；在学习中能获得满足感			10	
参与态度	积极主动与教师、同学交流，相互尊重、理解；与教师、同学能够保持多向、丰富、适宜的信息交流			10	
	能处理好合作学习和独立思考的关系，做到有效学习；能提出有意义的问题或能发表个人见解			10	
知识（技能）获得	能正确拟定加工方案			20	
	能按要求完成型腔零件的 CAM			20	
思维态度	能发现问题、提出问题、分析问题、解决问题、创新问题			10	
自评反馈	能按时按质完成任务；较好地掌握了技能点；具有较强的信息分析能力和理解能力；具有较为全面严谨的思维能力并能条理清楚地表达成文			10	
自评分数					
有益的经验和做法					
总结反馈建议					

2. 互评（表 12-6）

表 12-6　互评表

班级		组名		日期	年　月　日
评价指标		评价内容		分数	分数评定
信息检索		能有效利用网络、图书资源、工作手册查找有用的相关信息等；能用自己的语言有条理地去解释、表述所学知识；能将查到的信息有效地传递到工作中		10	
感知工作		熟悉工作岗位，认同工作价值；在工作中能获得满足感		10	
参与态度		积极主动参与工作，吃苦耐劳，崇尚劳动光荣、技能宝贵；与教师、同学相互尊重、理解；与教师、同学能够保持多向、丰富、适宜的信息交流		10	
		能探究式学习、自主学习，处理好合作学习和独立思考的关系，做到有效学习；能提出有意义的问题或能发表个人见解；能按要求正确操作；能倾听别人意见、协作共享		10	
学习方法		学习方法得当，有工作计划；操作技能符合规范要求；能按要求正确操作；能获得进一步学习的能力		10	
工作过程		遵守管理规程，操作过程符合现场管理要求；平时上课的出勤情况和每天完成工作任务情况；善于多角度分析问题，能主动发现、提出有价值的问题		10	
思维态度		能发现问题、提出问题、分析问题、解决问题、创新问题		10	
知识与技能的把握		能按时按质完成工作任务；较好地掌握了以下专业技能点：UG NX 型腔铣加工编程通用过程，UG NX 型腔铣加工中的刀具、几何体、加工方法的创建等		30	
互评分数					
有益的经验和做法					
总结反馈建议					

3. 师评（表 12-7）

表 12-7　教师评价表

班级			组名			姓名	
出勤情况							
序号	评价内容	评价要点	考查要点		分数	分数评定标准	得分
一	问题回答与讨论	引导问题内容细节	发帖与跟帖		8	发帖与表达准确度	
			讨论问题			参与度、思路或层次清晰度	

（续）

班级			组名			姓名	
出勤情况							
序号	评价内容	评价要点	考查要点	分数	分数评定标准		得分
二	学习任务实施	依据任务内容确定学习计划	分析型腔零件 CAM 创建步骤关键点准确	8	思路或层次不清扣 1 分		
			涉及知识、技能点准确且完整		不完整扣 1 分，分工不准确扣 1 分		
		CAM 程序创建过程	刀具、加工方法、几何体（安全平面）等节点创建	65	不合理、不清楚分别扣 5 分		
			模型创建、加工方案拟定、操作的创建；几何体类型和驱动方式的选择、生成刀轨、型腔零件 CAM 的完成		不能正确完成一个步骤扣 5 分		
三	总结	任务总结	依据自评分数	4			
			依据互评分数	5			
			依据个人总结评价报告	10	依据总结内容是否到位给分		
		合计		100			

12.6 第二课堂：拓展学习

1）依托 3D 动力社，结合全国 3D 大赛要求，制作参赛作品的说明书、演示文稿和动画。

2）工程实战任务：依托企业生产实训基地，了解加工工艺分析方法与固定轴加工过程、方法及相关知识、技能并接受工程实战任务，对接企业生产。

3）课后观看中央电视台播放的《大国工匠》《国之重器》《澎湃动力》等相关宣传片，增长学识，增强民族自豪感。

UG NX 型芯零件CAM

13.1 导学：学习任务布置与项目分析

一、任务描述

1. 任务书

客户：宜宾某模具公司。

产品：某型芯零件（图13-1）。

背景：宜宾某模具公司基于客户要求，需完成某型芯零件 CAM。

技术要求：规范、完整。

2. 任务内容

在通盘了解型芯零件结构与特点、UG NX 固定轴加工、固定轴轮廓曲面铣基本知识和技术标准、技术要求及相关注意事项的基础上，熟悉 UG NX 型腔铣及固定轴加工基本操作思路和方法，通过运用建模、加工方案的拟定、刀具组与几何体及加工方法的设置等知识，完成型芯零件表面 UG NX CAM 的创建，来进一步理解 UG NX 的各主要功能模块；掌握 UG NX 操作的基本方法，学会型芯零件产品的 UG NX CAM 方法。

3. 学习目标

1）使学生了解型芯零件的结构特点，以及 UG NX 固定轴轮廓曲面加工及多轴加工的基础知识与基本操作。

2）熟悉 UG NX 型腔铣、固定轴曲面铣、多轴加工编程通用过程。

3）了解型芯零件加工工艺规程。

4）熟悉型腔铣、固定轴曲面铣、多轴加工的特点与应用。

5）学会型腔铣、固定轴曲面铣、多轴加工的创建，生成刀轨并进行检验。

6）学会 UG NX 固定轴加工、多轴加工、清根（角）加工等操作。

二、问题引导与分析

1. 工作准备

1）阅读学习任务书，完成分组及组员间分工。

2）学习 UG NX 固定轴加工与多轴加工编程操作。

3）完成型芯零件表面 CAM 操作任务。

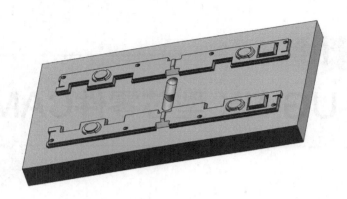

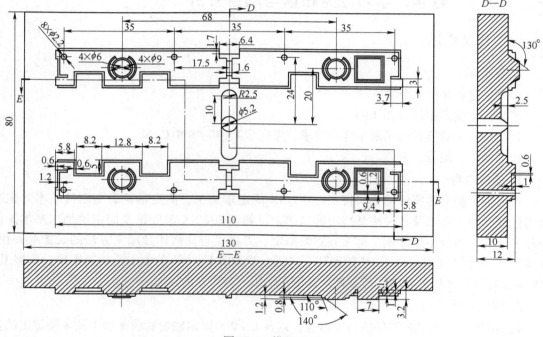

图 13-1　模具型芯

4）展示作品，学习评价。

2. 任务项目分析与解构

此型芯零件的加工按结构特点分为上、下表面和四个侧面的加工，以及流道轮廓加工、内腔轮廓加工等几个细项。因上表面加工与前述章节加工方法一致，在此可参照进行，流道加工在此暂不考虑。内腔壁存在尖角、锐角处要以电火花加工才能实现，在此也暂时忽略，重点在于外轮廓曲面加工，可以安排型腔铣来进行粗加工、半精加工及区域轮廓铣精加工，并设有清根工序。通过创建上述加工操作，生成刀轨并进行仿真，学会 UG NX 固定轴加工操作，从而达成本次学习任务目标。

3. 获取资讯

❓ **引导问题 1**：型芯零件有何结构特点？如何分析其 CAM 工艺？完成表 13-1 的内容。

表 13-1　型芯零件 UG NX CAM 工艺

内容	截取示意图	主要操作要点
型芯零件结构特点		
型芯零件加工工艺分析		

 引导问题 2：如何理解型芯加工的特点与应用？UG NX 固定轴和多轴加工有哪些主要操作步骤？截图说明操作方法。

 引导问题 3：如何应用固定轴轮廓铣和多轴加工的工作方法及驱动方式？它们有何作用？有什么样的要求？

 引导问题 4：如何完成型芯零件 UG NX 加工？截图说明操作方法。

4. 工作计划

按照收集的信息和决策过程，根据软件编程处理步骤、操作方法、注意事项，完成表 13-2 的内容。

表 13-2　型芯零件 UG NX 固定轴加工与多轴加工工作方案

步骤	工作内容	负责人
1		
2		
3		

13.2　UG NX 固定轴轮廓加工基础

一、UG NX 固定轴加工的应用特点

1）三维固定轴铣削加工主要用于腔体、型面及自由曲面的三轴联动加工，同时也可用于两轴、两轴半的加工。

2）定轴铣（刀轴固定）主要包括型腔铣、轮廓铣、清根加工等。

①型腔铣是利用实体、曲面或曲线来定义加工区域，主要用来加工带有斜度、曲面轮廓外壁及内腔壁的结构，常用于粗加工；常为两轴联动，铣削分层，加工后表面呈台阶状。由于同一个加工表面斜度不同，为使粗加工后余量均匀，在分层时每一层的厚度不能一成不变，应根据加工表面的倾斜程度将之划分为若干个区域，每一区域定义不同的分层厚度，其原则是壁越陡，每一层的深度越大。

②轮廓铣是三轴联动加工，常用于半精加工与精加工，主要用来加工自由曲面等特征，如模具等。

二、UG NX 等高切削

等高切削在 UG NX 中被称为深度轮廓加工。

1. 等高切削的应用

1）建议使用范围：半精加工和精加工轮廓形状（常配合使用固定轴曲面区域铣加工，分别铣削陡峭与非陡峭位置）。

2）等高切削在模具加工上，主要用于需要刀具受力均匀的加工条件。应用等高切削可以完成数控加工中很大的工作量。比如粗加工时，一般刀具受力极大，因此等高切削能以控制切削深度的方式，将刀具受力限制在一个范围内。此外，在粗加工或精加工时，如果存在加工部位太陡、太深、需要加长切削刃的情形，由于刀具太长，加工时偏摆太大，往往也需要用等高切削的方式来减小刀具受力（并可运用等高加工分层加工，合理使用刀具，保证加工效率）。目前最流行的高速切削机床也常使用等高切削方式加工工件。

3）UG NX 的等高切削功能不仅提供多样化的切削模式，同时允许刀具在整个加工过程中能在均匀的受力状态下实现最快、最好的切削。

2. UG NX 等高切削的特性

1）刀具使用没有限制：数控编程工程师可以根据加工机床的性能、毛坯材质、夹持方式，以及对切削效率的要求，自由选用平刀、球刀、圆鼻刀、T 型刀等刀具进行等高切削。在计算时，UG NX 利用所选用的刀具，沿等高加工面进行分层计算，所以能产生准确的刀具路径。

2）自动探测底切（undercut）区域：UG NX 能自动探测加工范围内的底切区域，并自动计算出最佳的刀具路径。用 T 型刀铣削时，若刀柄与加工面不发生干涉，UG NX 尽可能做最完整的切削。由于用平刀切削，因此在底切区域，UG NX 产生的刀具路径以刀具不碰到加工面为原则。

3）提供多样化的刀具路径：UG NX 等高切削可实现往复式切削、单向切削、螺旋切削、沿边切削及多层沿边切削。其中多层沿边切削可提供高效率的毛坯粗加工路径，也是深陡加工面精加工的良好选择。高速切削机床可利用此功能生成良好的加工路径。多层沿边切削的刀具路径在每一深度上产生 3 道刀具路径，第一道离成品面 3mm，第二道离成品面 1mm，第三道则加工在成品面上。

4）产生刀具受力均匀的加工路径：模具加工时，编程人员或机床操作人员往往为了避免 NC 程序中刀具局部受力过大而造成刀具严重损耗的情形，不得不降低整体路径的进给速度，从而影响加工效率。UG NX 提供了多样的进给速度设定方式来解决这一问题。

5）在不同高度区域设定不同的切削深度：为了在加工后能留下均匀的毛坯，同时又不耗费不必要的加工时间，数控编程工程师可以按加工工件的形状特性，在不同的高度区域中设定不同的切削深度。在完成多层加工时，在陡峭区域可设定较大的切削深度，在平缓区域则设定较小的切削深度。

6）具有加工素材及成品体的观念：在等高切削中，"加工素材及成品体的观念"主要指的是在规划加工路径时，系统会考虑到原始材料（即加工素材）的形状以及最终需要达到的工件形状（即成品体），以优化加工过程。加工素材及成品体的运作，让使用者在不修改 CAD 模型的情形下，能便利地进行等高粗加工及精加工的计算，对于模具电极及滑块的 NC 程序制作非常方便。

7）具有公差切削功能：模具制造业者所接收的 CAD 资料，经常是上游所提供的 IGES 档案，因此加工用的 CAD 模型的曲面之间常存在间隙及重叠。UG NX 提供公差切削功能，在使用者设定的公差范围内能自动处理曲面间的间隙及重叠，从而产生良好的刀具路径。

8）在个别加工曲面上，可以设定不同的加工预留量：在模具设计时，由于成品几何形状的要求，往往需要定义不同的壁厚、合模面及一般成品面。为了方便 NC 编程人员在单一 CAD 模型上设定 NC 程序，UG NX 允许编程人员在个别加工曲面上设定不同的预留量（正值及负值），以提高 NC 程序的设计效率。

9）提供多种进/退刀方式：UG NX 等高切削提供线性、折线、圆弧等多种进/退刀方式，来满足实际加工的需要。使用者能在不同深度区域或加工区域设定不同的预钻孔位置及钻孔深度。UG NX 在进刀时亦能根据加工几何形状及刀具定义，自动决定由预钻孔进刀或斜向进刀，以符合实际加工要求。

10）切削层的灵活运用：为了合理使用数控加工刀具，对于加工深度较大的零件，可以运用切削层控制刀轨生成范围，浅处使用短刀加工，深处使用长刀加工，从而合理使用刀具，提高加工效率。

三、UG NX 固定轴轮廓铣的区域铣削

区域铣削驱动方法能够定义【固定轴曲面轮廓铣】工序，它通过指定切削区域并且在需要的情况下添加【陡峭空间范围】和【修剪边界】约束。

1. 特点

区域铣削类似于【边界驱动方法】，但是它不需要驱动几何体，而且使用一种稳固的自动免碰撞空间范围计算方法。它仅可用于【固定轴曲面轮廓铣】工序，因此，应尽可能使用【区域铣削驱动方法】代替【边界驱动方法】。

2. 切削区域的定义与应用

1）可以通过选择【曲面区域】、【片体】或【面】来定义【切削区域】。与【曲面区域驱动方法】不同，切削区域几何体不需要按一定的栅格行序或列序进行选择。

2）如果不指定【切削区域】，系统将使用完整定义的【部件几何体】（刀具无法接近的区域除外）作为切削区域。换言之，系统将使用部件轮廓线作为切削区域。如果使用整个【部件几何体】而没有定义【切削区域】，则不能移除边缘追踪。

3）【区域铣削驱动方法】可以使用【往复上升】切削类型。这种切削类型根据指定的局部【进刀】、【退刀】和【移刀】运动，在刀路之间提升刀具。它不输出【离开】和【逼近】运动。

4）在【固定轮廓铣】对话框中的【驱动方法】区域，通过单击扳手图标指定所需的参数，然后单击【确定】按钮接受该参数。在【固定轮廓铣】对话框中，选择【切削区域】

和【选择】以定义切削区域几何体。如果未定义切削区域几何体，系统将使用部件轮廓线。

5）区域铣削驱动方法使用【点同步】方法计算刀轨点。这样将以更均匀的模式对齐点以实现更光顺的精加工。

6）可以使用【修剪】功能进一步约束切削区域。通过将【修剪侧】指定为【内部】或【外部】，定义要从工序中排除的切削区域部分。【修剪边界】始终【封闭】，始终处于【开】状态，并且沿刀轴矢量投影到【部件】几何体。可以定义多个【修剪边界】。在【切削】对话框中，可以指定【边界余量】，从而定义刀具位置与【修剪边界】的距离，以及【边界内公差/外公差】。

3. 驱动设置

【区域铣削驱动方法】中的【模式】与【边界驱动方法】中相同。除了添加往复上升外，【区域铣削驱动方法】中使用的【切削类型】与【边界驱动方法】中相同。这种【切削类型】根据指定的局部【进刀】、【退刀】和【移刀】运动，在刀路之间抬刀。

1）切削角。切削角确定切削模式相对于 XC 轴绕 ZC 轴的旋转角度，显示切削方向。此选项只在【切削角】被设为【用户定义】时才可用，将显示一个切削方向矢量。

2）【驱动方法】定义创建刀轨所需的驱动点。某些驱动方法允许沿一条曲线创建一串驱动点，而其他驱动方法允许在边界内或在所选曲面上创建驱动点阵列。驱动点一旦定义，就可用于创建刀轨。如果没有选择【部件】几何体，则刀轨直接从【驱动点】创建；否则，驱动点投影到部件表面以创建刀轨。

3）选择合适的驱动方法，应该由希望加工的表面形状和复杂性，以及刀轴和投影矢量要求决定。所选的驱动方法决定可以选择的驱动几何体的类型，以及可用的投影矢量、刀轴和切削类型。

4）【投影矢量】是大多数【驱动方法】的公共选项。它确定驱动点投影到部件表面的方式，以及刀具接触部件表面的哪一侧。可用的【投影矢量】选项将根据使用的驱动方法而变化。

四、UG NX 曲面轮廓铣（边界驱动）方法

边界驱动方法允许我们通过指定【边界】和空间范围【环】定义切削区域。边界与部件表面的形状和大小无关，而环必须与外部部件表面边对应。切削区域由【边界】、【环】或二者的组合定义。将已定义的切削区域的【驱动点】按照指定的【投影矢量】的方向投影到【部件表面】，这样就可以创建【刀轨】。【边界驱动方法】在加工【部件表面】时很有用，它需要最少的【刀轴】和【投影矢量】控制。

【边界驱动方法】与【平面铣】的工作方式大致相同。但是，与【平面铣】不同的是，【边界驱动方法】可用来创建允许刀具沿着复杂表面轮廓移动的精加工工序。与【曲面区域驱动方法】相同的是，【边界驱动方法】可创建包含在某一区域内的【驱动点】阵列。在边界内定义【驱动点】一般比选择驱动曲面更为快捷和方便。但是，使用【边界驱动方法】时，不能控制刀轴或相对于驱动曲面的投影矢量。例如，平面边界不能包络复杂的部件表面，从而均匀分布【驱动点】或控制刀具。

1. 特点与应用

1）边界可以由一系列曲线、现有的永久边界、点或面创建。它们可以定义切削区域外

部，如岛和腔体。可以为每个边界成员指定【对中】、【相切】或【接触】刀具位置属性。

2）边界可以超出【部件表面】的大小范围，也可以在【部件表面】内限制一个更小的区域，还可以与【部件表面】的边重合。边界超出【部件表面】的大小范围时，如果超出的距离大于刀具直径，将会发生【边缘追踪】。刀具在【部件表面】的边缘上滚过时，通常会发生不期望的情况。

3）当边界限制了【部件表面】的区域时，必须使用【对中】、【相切】或【接触】选项将刀具定位到边界上。当【切削区域】和外部边缘重合时，最好使用【对中】、【相切】或【接触】的【部件空间范围环】（与边界相反）。这三个选项用于设定刀具在非常陡峭的【部件表面】上的定位方式。

2. 驱动几何体

驱动边界包含用于【曲面轮廓铣】工序的刀具，其方式与部件边界包含用于【平面铣】和【型腔铣】工序的刀具非常类似。不过，驱动边界不可能完全包含可变轴工序中的刀具。因此驱动边界一般只应用于固定轴工序。

1）可以为每个边界成员指定如下刀具位置：对中、相切或接触。对于固定轴轮廓铣工序，将加工限制在选定面的首选方法是使用区域铣削驱动方法并指定切削区域几何体。应尽可能使用区域铣削，而非刀位为接触的边界驱动方法。仅当刀轴固定且投影矢量与固定刀轴相同时，才在边界驱动方法中使用接触刀位。

2）要在可变轮廓铣中指定固定刀轴，选择相对于矢量刀轴选项并将前倾和侧倾值设为零。

五、UG NX 轮廓铣曲面区域驱动方法

1. 未定义

此驱动方式允许创建曲面轮廓铣模板工序，而不必指定初始驱动方法。每个用户都可在从模板创建工序时指定相应的驱动方法。

2. 曲线/点

通过指定点和选择曲线来定义驱动几何体。

3. 螺旋式

定义从指定的中心点向外螺旋的驱动点。

4. 边界

通过指定边界和环定义切削区域。

5. 区域铣削

通过指定【切削区域】几何体定义切削区域。不需要驱动几何体。

6. 曲面区域

定义位于【驱动曲面】栅格中的驱动点阵列。

7. 刀轨

沿着现有的 CLSF（刀具刀位源文件）的【刀轨】定义【驱动点】，以在当前工序中创建类似的【曲面轮廓铣刀轨】。

8. 径向切削

使用指定的步距、带宽和切削类型，生成沿给定边界和垂直于给定边界的驱动轨迹。

9. 外形轮廓铣

利用刀的侧刃加工倾斜壁。

10. 清根

沿部件表面形成的凹角和凹部生成驱动点。

11. 文本

选择注释并指定要在部件上雕刻文本的深度。

12. 用户函数

通过临时退出 UG NX 并执行内部用户函数程序来生成驱动轨迹。

 ## 13.3　案例 1：UG NX 球面型芯固定轴曲面轮廓铣削

一、要求

如图 13-2 所示，此零件为球面型芯，需在一正方体毛坯上铣削平面、曲面、球面；底座为 150mm×150mm×20mm 的长方体，其上有一半径为 50mm 的球与其求差（球心在上表面中心），两者圆角半径为 30mm。

二、步骤

1. 创建毛坯

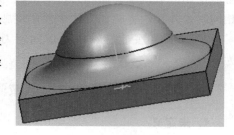

图 13-2　球面型芯

创建一个尺寸为 150mm×150mm×75mm 的毛坯，要与零件重合。单击【编辑】/【对象显示】选择毛坯，拖动【Translucency】滚动条将其设为半透明（也可分为不同层）。

2. 工艺分析

此零件加工表面存在曲面，需用到轮廓加工。型芯零件表面精度要求较高，安排有粗加工、半精加工与精加工工序。毛坯为块体，先以型腔铣粗加工，再以固定轮廓铣半精加工，辅以区域轮廓铣精加工。工序安排见表 13-3。

表 13-3　工序安排

工序号	工序名称	工序内容	所用刀具	主轴转速/(r/min)	进给速度/(mm/min)
1	粗加工	粗加工，留余量 0.8mm	φ14mm 立铣刀	800	200
2	半精加工	半精铣曲面，留余量 0.3mm	φ12mm 球头铣刀	1500	150
3	精加工	精加工至尺寸	φ8mm 球头铣刀	2000	100

3. 加工环境初始化

单击【应用】/【加工】，依次选择【cam_general】/【mill_counter】，单击【初始化】。

4. 创建刀具组

1）单击【插入】/【刀具】（或单击【加工生成】工具条上的图标），选【类型】为【mill_counter】（平面铣）、【子类型】为【MILL】（立铣刀）、【父本组】为【GENERIC_MACHINE】、刀具【名称】为 MILL14，设参数：直径为 14mm、调整记录器（补偿寄存器）为 1、刀具号为 1（其他为默认），单击【确定】按钮。

2）单击【插入】/【刀具】（或单击【加工生成】工具条上的图标），选【类型】为【mill_counter】（平面铣）、【子类型】为（球头铣刀）、【父本组】为【GENERIC_MACHINE】、刀具【名称】为 BALL-MILL12，设参数：直径为 12mm、调整记录器（补偿寄存器）为 2、刀具号为 2（其他为默认），单击【确定】按钮。

3）单击【插入】/【刀具】（或单击【加工生成】工具条上的图标），选【类型】为【mill_counter】（平面铣）、【子类型】为（球头铣刀）、【父本组】为【GENERIC_MACHINE】、刀具【名称】为 BALL-MILL8，设参数：直径为 8mm、调整记录器（补偿寄存器）为 3、刀具号为 3（其他为默认），单击【确定】按钮。

5. 创建几何体

1）单击【插入】/【几何体】（或单击【加工生成】工具条上的图标），选【类型】为【mill_counter】，在【子类型】栏下单击图标，在出现的对话框中设置【父本组】为 GEOMETRY，【名称】为 ZBX，单击【确定】按钮，弹出【机床坐标系】对话框，选第三个图标指定加工坐标系原点，单击【点构造器】输入（0，0，75）（设置加工坐标系原点在毛坯上表面中心处），单击【确定】按钮，设置【安全平面】：勾选对话框中的【间歇（隙）】复选框，单击其下的【指定】按钮，弹出【平面构造】对话框，选图标，在【偏置】中输入 95mm，单击【确定】按钮（或选毛坯上表面偏置 20mm）。

2）单击【插入】/【几何体】，选【类型】为【mill_counter】、【子类型】中的第五个图标【WORKPIECE】，设置【父本组】为刚才创建的坐标系【ZBX】、【名称】为 GONGJIAN，单击【确定】按钮，弹出【WORKPIECE】（工件设置）对话框，选第二个图标来定义毛坯，单击【选择】，弹出【毛坯几何体】对话框，选刚才创建的长方体，单击【确定】/【确定】按钮（为避免作为毛坯的长方体影响后续操作，可隐藏），回到【WORKPIECE】（工件设置）对话框，选第一个图标来定义零件几何体，单击【选择】，选择零件后单击【确定】按钮。

6. 创建加工方法

1）粗加工方法设置：单击【插入】/【方法】（或单击【加工生成】工具条上的图标，弹出【创建方法】对话框，选【类型】为 mill_counter、【父本组】为【METHOD】、【名称】为 CJG，单击【确定】按钮，在【MILL-METHOD】对话框中设置：【部件余量】为 0.8mm、【内公差】为默认、【切出公差】为默认，单击对话框中的图标，在【进给率与速度】对话框中设置【进刀】【第一刀切削】【步进】【剪切】为 200mm/min，其余为 0，单击【确定】按钮。

2）半精加工方法设置：单击【插入】/【方法】（或单击【加工生成】工具条上的图标），弹出【创建方法】对话框，选【类型】为 mill_counter、【父本组】为【METHOD】、【名称】为 BJJG，单击【确定】按钮，在【MILL-METHOD】对话框中设置：【部件余量】

为 0.3mm、【内公差】为默认、【切出公差】为默认，单击对话框中的图标，在【进给率与速度】对话框中设置【进刀】【第一刀切削】【步进】【剪切】为 150mm/min，其余为 0，单击【确定】按钮。

3）精加工方法设置：单击【插入】/【方法】（或单击【加工生成】工具条上的图标），弹出【创建方法】对话框，选【类型】为【mill_counter】、【父本组】为【METHOD】、【名称】为 JJG（精加工），单击【确定】按钮，在【MILL-METHOD】对话框中设置：【部件余量】设为 0、【内公差】设为 0.03mm、【切出公差】设为 0.03mm，单击对话框中的图标，在【进给率与速度】对话框中设置【进刀】【第一刀切削】【步进】【剪切】为 100mm/min，其余为 0，单击【确定】按钮。

7. 创建粗加工操作

1）单击【插入】/【操作】（或单击【加工生成】工具条上的图标），弹出【创建操作】对话框，选【类型】为【mill_counter】、【子类型】为（ZLEVEL-FOLLOW-CORE）、【程序】为【NC-PROGRAM】、【几何体】为【GONGJIAN】、【刀具】为【MILL14】、【方法】为【CJG】、【名称】为 CJG，单击【确定】按钮。

2）在弹出的【ZLEVEL-FOLLOW-CORE】对话框中选【切削区域】，选零件轮廓表面，单击【确定】按钮，返回【ZLEVEL-FOLLOW-CORE】对话框，设【每一刀】深为 4mm，单击【进给率】，设机床转速为 800r/min，设【切削方式】为（跟随工件）、【步进】方式为【刀具直径】的 50%，单击【机床】，弹出【机床控制】对话框，在【启动命令】下单击【编辑】，弹出【用户自定义事件】对话框，选【可用的列表】下的【coolant on】，单击【增加】，弹出【冷却液开】对话框，选【液态】，依次单击【确定】/【确定】/【确定】按钮，回到【ZLEVEL-FOLLOW-CORE】对话框，单击【生成刀具轨迹】图标，弹出【显示参数】对话框，取消勾选复选框，单击【确定】按钮。

3）验证：回到【ZLEVEL-FOLLOW-CORE】对话框，单击【确认刀具轨迹】图标，弹出【可视化刀轨轨迹】对话框，选【回放】（也可动态仿真），调整到合适的仿真速度，单击播放按钮▼，再依次单击【确定】/【确定】按钮。

8. 创建半精加工操作

1）先在建模模式下作一个以下底面中心为圆心、半径为 110mm 的圆（不要草图形式）。

2）回到加工状态，单击【插入】/【操作】（或单击【加工生成】工具条上的图标），弹出【创建操作】对话框，设置【类型】为 mill_counter，设置【子类型】为 FIXED-CONTOUR，设置【程序】为 NC-PROGRAM，设置【几何体】为 GONGJIAN，设置【刀具】为 BALL-MILL12，设置【方法】为 BJJG，设置【名称】为 BJJG，单击【确定】按钮。

3）在【FIXED-CONTOUR】对话框中单击【驱动方式】下拉按钮，依次选择【边界】/【边界驱动方式】，单击【驱动几何体】下的【选择】/【模式】/【曲线/边】，选建模过程中创建的圆，单击【确定】按钮回到【边界驱动方式】对话框，【图样】深 4mm，单击【进给率】，设机床转速为 1500r/min，设【切削方式】为（跟随工件）、切削方向为【从内向外】、【步进】方式为【刀具直径】的 30%，单击【机床】，弹出【机床控制】对话框，在

【启动命令】下单击【编辑】，弹出【用户自定义事件】对话框，选【可用的列表】下的【coolant on】，单击【增加】，弹出【冷却液开】对话框，选【液态】，依次单击【确定】/【确定】/【确定】按钮，回到【FIXED-CONTOUR】对话框，单击【生成刀具轨迹】图标 🖉，弹出【显示参数】对话框，取消勾选复选框，单击【确定】按钮。

4）验证：回到【FIXED-CONTOUR】对话框，单击【确认刀具轨迹】图标 🖉，弹出【可视化刀轨轨迹】对话框，选【回放】（也可动态仿真），调整到合适的仿真速度，单击播放按钮 ▼，再依次单击【确定】/【确定】按钮。

9. 创建精加工操作

1）单击【插入】/【操作】（或单击【加工生成】工具条上的 🖉 图标），弹出【创建操作】对话框，选【类型】为 mill_counter，设置【子类型】为 🕒 FIXED-CONTOUR，设置【程序】为【NC-PROGRAM】，设置【几何体】为 GONGJIAN，设置【刀具】为【BALL-MILL8】，设置【方法】为 JJG，设置【名称】为 JJG，单击【确定】按钮。

2）在【FIXED-CONTOUR】对话框中单击【驱动方式】下拉按钮，选【区域铣削】，单击【确定】按钮弹出【边界驱动方式】对话框，单击【图样】，单击【进给率】，设机床转速为 2500r/min、【切削方式】为 🖩（跟随工件），点选【向外】、【在部件上】，设【步进】方式为【刀具直径】的 15%，单击【确定】按钮回到【FIXED-CONTOUR】对话框，选 🖉【切削区域】，选零件轮廓表面，单击【确定】按钮，返回【FIXED-CONTOUR】，单击【机床】，弹出【机床控制】对话框，在【启动命令】下单击【编辑】，弹出【用户自定义事件】对话框，选【可用的列表】下的【coolant on】，单击【增加】，弹出【冷却液开】对话框，选【液态】，单击【确定】/【确定】/【确定】按钮，回到【FIXED-CONTOUR】对话框，单击【生成刀具轨迹】图标 🖉，弹出【显示参数】对话框，取消勾选复选框，单击【确定】按钮。

3）验证：回到【FIXED-CONTOUR】对话框，单击【确认刀具轨迹】图标 🖉，弹出【可视化刀轨轨迹】对话框，选【回放】（也可动态仿真），调整到合适的仿真速度，单击播放按钮 ▼，再依次单击【确定】/【确定】按钮。

10. 观看全部操作的动画模拟

打开【操作导航器】，在其中选共同的几何体【GONGJIAN】或选其父本组【ZBX】，单击工具条中的 🖉 图标，取消勾选【刀轨生成】栏下的 4 个复选框，单击【确认】 🔼，在【可视化刀轨轨迹】对话框中选【动态】，调整仿真速度后单击【播放】按钮。

注：在【操作导航器】中选中对象右击，可进行编辑。在【程序次序视图】下可以通过拖动来改变加工顺序。

11. 后处理生成加工程序

打开【操作导航器】，在其中选共同的几何体【GONGJIAN】或选其父本组【ZBX】，单击工具条中的 🖉 图标，在【后处理】对话框中选【可用机床】为【MILL-3-AXIS】，选程序文件的存储路径，单击【确定】按钮。

13.4 案例2：UG NX 模具型芯 CAM

一、要求

试对图 13-1 所示模具型芯进行 UG NX 数控加工编程设计。

二、任务分析

此型芯零件外形较为复杂，需完成水平表面、方形直壁凸缘、扇形斜壁凸缘、周边直壁止口、两侧斜壁定位凸台及各孔与槽的加工。其中孔与槽的加工与前述项目（孔系点位加工）的方法类似，在此暂时不考虑；对于直角处应安排电火花加工，限于篇幅，在此也不考虑。为完成上述型芯凸缘轮廓的加工，可以按照 UG NX 编程加工操作流程进行分析与设计，得到可行的数控加工程序单。

三、步骤

1. 加工前的准备工作

（1）工艺分析（限于篇幅，对于直角处应安排的电火花加工在此未做考虑）　已加工出 130mm×80mm×13.2mm 的长方体作为毛坯，其四个侧面及上、下表面都已加工，在此不再考虑；根据任务安排，孔与槽的加工在本节中也暂时不考虑，则要加工的有模型凸缘实体轮廓。由于型芯零件为精密件，加工要求较高，在此通过固定轴轮廓铣，进行粗加工、半精加工及精加工，根据零件结构特点，还设有区域轮廓铣与清根（角）加工。工序安排见表 13-4。

表 13-4　工序安排

工序号	工序名称	工序内容	所用刀具	主轴转速/(r/min)	进给速度/(mm/min)
1	粗铣	以型腔铣粗加工，留余量 0.5mm	φ10mm 立铣刀	800	200
2	半精铣	型芯等高切削加工，留余量 0.2mm	φ5mm 立铣刀	1000	150
3	精铣	对型芯进行区域轮廓铣至尺寸	φ2mm 立铣刀	3000	100
4	清根（角）	对型芯清根（角）	φ2mm 立铣刀	4000	500

（2）创建毛坯　先通过补片、加厚后求和，将工件的流道补为实体，为能看到动画仿真，创建一个 130mm×80mm×13.2mm 长方体，如图 13-3 所示。

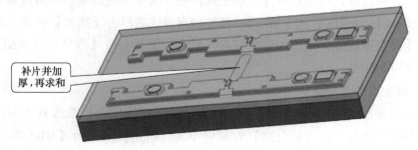

图 13-3　补片后建毛坯

2. 加工环境初始化

单击【开始】/【加工】 ，进行加工环境设置，选择【mill_contour】，单击【确定】按钮，进入加工模块。

3. 创建刀具（组）

1）创建 φ10mm 立铣刀：单击【插入】/【刀具】（或单击 工具），弹出【创建刀具】对话框，选【类型】为【mill_contour】、【刀具子类型】为【mill】（立铣刀）、【刀具位置】为【GENERIC _MACHINE】，输入【名称】为 D10，单击【确定】按钮，弹出【铣刀参数】对话框，设参数：直径为 8mm，调整记录器（补偿寄存器）为 1，刀具号为 1，单击【确定】按钮。

2）同理创建 φ5mm 立铣刀、φ2mm 立铣刀。

4. 创建几何体

（1）创建工作坐标系　单击【插入】/【几何体】（或单击工具条上的 图标），弹出【创建几何体】对话框，按图 13-4 所示进行设置，单击【确定】按钮，在弹出的【MCS】对话框中单击【指定 MCS】栏后的 按钮，弹出【CSYS】对话框，通过操控器输入坐标、移动、对齐等方式将加工坐标系调整到合适位置，并按前述章节所述方法进行安全平面设置。

（2）创建工件（毛坯）单击工具条上的 图标，在弹出的【创建几何体】对话框中按图 13-5a 所示进行设置，单击【确定】按钮，弹出【工件】对话框，如图 13-5b 所示。

图 13-4　创建工作坐标系

a) 创建几何体

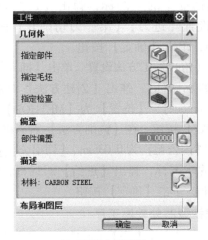

b)【工件】对话框

图 13-5　创建工件

1）指定毛坯：在【工件】对话框中单击【指定毛坯】按钮 ，弹出【毛坯几何体】对话框，在绘图区选择毛坯体，单击【确定】按钮，回到【工件】对话框。

2）指定部件：在返回的【工件】对话框中单击【指定部件】按钮 ，弹出【部件几何体】对话框，在【部件导航器】区域通过右键将毛坯体隐藏，在绘图区选型芯，单击【确定】按钮回到【工件】对话框，再次单击【确定】按钮，完成工件（毛坯）的创建。

5. 创建加工方法

（1）CJG（粗加工）方法设置　单击【插入】/【方法】（或单击工具条上的 图标），弹出【创建方法】对话框，选【类型】为【mill_contour】、【位置】为【METHOD】、【名称】为 CJG（粗加工），单击【确定】按钮，在弹出的【铣削方法】对话框中设置：【部件余量】为 0.5mm、【内公差】为 0.03mm、【外公差】为 0.12mm，单击对话框中的 图标，弹出【进给】对话框，在【更多】栏下设置【进刀】【第一刀切削】【步进】【剪切】为 200mm/min，单击【确定】按钮。

（2）BJJG（半精加工）方法设置　单击【插入】/【方法】（或单击工具条上的 图标），弹出【创建方法】对话框，选【类型】为【mill_contour】、【位置】为【METHOD】、【名称】为 BJJG，单击【确定】按钮，在【铣削方法】对话框中设置：【部件余量】为 0.2mm、【内公差】为默认、【切出公差】为默认，单击对话框中的 图标，弹出【进给】对话框，在【更多】栏下设置【进刀】【第一刀切削】【步进】【剪切】为 150mm/min，单击【确定】按钮。

（3）JJG（精加工）方法设置　单击【插入】/【方法】（或单击工具条上的 图标），弹出【创建方法】对话框，选【类型】为【mill_contour】、【位置】为【METHOD】、【名称】为 JJG，单击【确定】按钮，在【铣削方法】对话框中设置：【部件余量】为 0、【内公差】为默认、【切出公差】为默认，单击对话框中的 图标，弹出【进给】对话框，在【更多】栏下设置【进刀】【第一刀切削】【步进】【剪切】为 100mm/min，单击【确定】按钮。

（4）清根（角）加工方法设置　单击【插入】/【方法】（或单击工具条上的 图标），弹出【创建方法】对话框，选【类型】为【mill_contour】、【位置】为【METHOD】、【名称】为 QG，单击【确定】按钮，在【铣削方法】对话框中设置：【部件余量】为 0、【内公差】为 0.03mm、【切出公差】为 0.03mm，单击对话框中的 图标，弹出【进给】对话框，将【进给率】设为 500mm/min，单击【确定】按钮。

6. 创建粗铣型芯外轮廓工序

1）单击【插入】/【工序】（或单击工具条上的 图标），弹出【创建工序】对话框，按图 13-6 所示进行设置，单击【确定】按钮。

2）在弹出的【型腔铣】对话框中单击【指定切削区域】按钮 ，在绘图区选择型芯的所有上顶面（图 13-7），

图 13-6　创建工序

单击【确定】按钮。

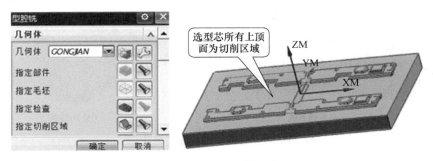

图 13-7 指定切削区域

3）在返回的【型腔铣】对话框中，采用与前述类似方法，分别完成【进给率和速度】(【主轴转速】输入 800r/min）与【机床控制】栏下的相应设置，单击【确定】按钮返回【型腔铣】对话框。

4）按图 13-8 所示进行设置，然后单击【生成刀具轨迹】按钮，生成刀轨。

5）单击按钮，运行 3D 及 2D 动态仿真，进行刀轨的验证与确认，如图 13-9 所示。

图 13-8 型腔铣设置

7. 创建半精加工型芯外轮廓工序

1）在【创建工序】对话框中将【子类型】改为【FIXED_CONTOUR】、【刀具】改为【D5】、【方法】改为【BJJG】、【名称】改为 FIXED_CONTOUR，单击【确定】按钮。

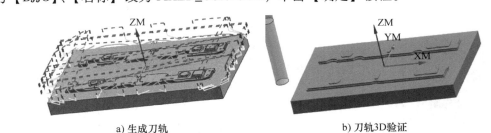

a) 生成刀轨   b) 刀轨3D验证

图 13-9 刀轨的验证与确认

2）弹出【固定轴轮廓铣】对话框，将【驱动方法】改为【区域铣削】，其余采用与粗加工类似设置（主轴转速改为 1000r/min），然后单击按钮生成刀轨；单击按钮运行 3D 及 2D 动态仿真，进行刀轨的验证与确认，如图 13-10 所示。

8. 创建精加工型芯外轮廓工序

1）在【创建工序】对话框中将【子类型】改为【CONTOUR_AREA】、【刀具】改为【D2】、【方法】改为【JJG】、【名称】改为 FIXED_CONTOUR _1，单击【确定】按钮。

2）弹出【轮廓区域】对话框，将【驱动方法】改为【区域铣削】，其余采用与半精加

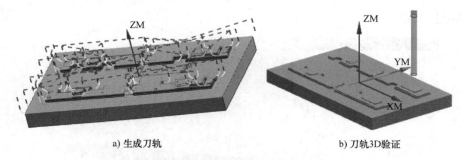

| a) 生成刀轨 | b) 刀轨3D验证 |

图 13-10 刀轨的验证与确认

工类似设置（主轴转速改为 3000r/min），然后单击 ↳ 按钮生成刀轨；单击 ▦ 按钮，运行 3D 及 2D 动态仿真，进行刀轨的验证与确认，如图 13-11 所示。

9. 创建清根（角）加工工序

1）在【创建工序】对话框中将【子类型】改为【FIXED_CONTOUR】⬇、【刀具】改为【D2】、【方法】改为【JJG】、【名称】改为 CONTOUR_AREA，单击【确定】按钮。

2）弹出【固定轴轮廓铣】对话框，将【驱动方法】改为【清根】，其余采用与精加工类似设置（主轴转速改为 4000r/min），然后单击 ↳ 按钮生成刀轨；单击 ▦ 按钮，运行 3D 及 2D 动态仿真，进行刀轨的验证与确认，如图 13-12 所示。

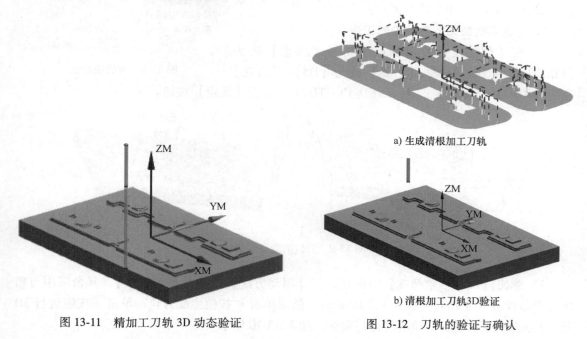

a) 生成清根加工刀轨

b) 清根加工刀轨3D验证

图 13-11 精加工刀轨 3D 动态验证   图 13-12 刀轨的验证与确认

10. 观看全部操作的动画模拟

打开【工序导航器】，在其中选【NC_PROGRAM】或运用 Shift 或 Ctrl 键将所有的工序都选中，单击工具条中的 ↳ 图标，取消勾选【刀轨生成】对话框中的 4 个复选框，单击【确认】 ▦，在【可视化刀轨轨迹】对话框中选【动态】，调整仿真速度后单击【播放】按钮。

注：在【工序导航器】中选中对象右击，可进行编辑。在【程序次序视图】下可以改变加工顺序。

11. 后处理生成加工程序

打开【工序导航器】，在其中选【NC_PROGRAM】或运用 Shift 或 Ctrl 键将所有的工序都选中，单击工具条中的 图标，在【后处理】对话框中选【可用机床】为【MILL-3-AX-IS】，选程序文件的存储路径并命名，更改单位为【公制】，单击【确定】按钮生成程序单。

13.5　项目（型芯固定轴加工）测试与学习评价

一、学习任务项目测试

测试 1：UG NX 模仁加工

要求：利用固定轴加工完成模仁（图 13-13）的粗加工、精加工与清根。

测试 2：UG NX 型芯 CAM

要求：利用固定轴加工完成图 13-14 所示零件的粗加工、顶面与侧面精加工与清根。

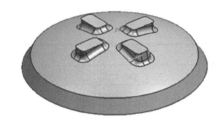

图 13-13　模仁

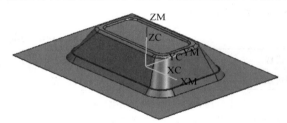

图 13-14　型芯

二、学习评价

1. 自评（表 13-5）

表 13-5　学生自评表

班级		组名		日期	年　月　日
评价指标	评价内容			分数	分数评定
信息检索	能有效利用网络、图书资源查找有用的相关信息等；能将查到的信息有效地传递到学习中			10	
感知课堂生活	熟悉数字化建模与制造岗位，认同工作价值；在学习中能获得满足感			10	
参与态度	积极主动与教师、同学交流，相互尊重、理解；与教师、同学能够保持多向、丰富、适宜的信息交流			10	
	能处理好合作学习和独立思考的关系，做到有效学习；能提出有意义的问题或能发表个人见解			10	
知识（技能）获得	能正确拟定加工方案			20	
	能按要求完成型芯零件的 CAM			20	

（续）

班级		组名		日期	年　月　日
评价指标	评价内容			分数	分数评定
思维态度	能发现问题、提出问题、分析问题、解决问题、创新问题			10	
自评反馈	能按时按质完成任务；较好地掌握了技能点；具有较强的信息分析能力和理解能力；具有较为全面严谨的思维能力并能条理清楚地表达成文			10	
自评分数					
有益的经验和做法					
总结反馈建议					

2. 互评（表 13-6）

表 13-6　互评表

班级		组名		日期	年　月　日
评价指标	评价内容			分数	分数评定
信息检索	能有效利用网络、图书资源、工作手册查找有用的相关信息等；能用自己的语言有条理地去解释、表述所学知识；能将查到的信息有效地传递到工作中			10	
感知工作	熟悉工作岗位，认同工作价值；在工作中能获得满足感			10	
参与态度	积极主动参与工作，吃苦耐劳，崇尚劳动光荣、技能宝贵；与教师、同学相互尊重、理解；与教师、同学能够保持多向、丰富、适宜的信息交流			10	
	能探究式学习、自主学习，处理好合作学习和独立思考的关系，做到有效学习；能提出有意义的问题或能发表个人见解；能按要求正确操作；能倾听别人意见、协作共享			10	
学习方法	学习方法得当，有工作计划；操作技能符合规范要求；能按要求正确操作；能获得进一步学习的能力			10	
工作过程	遵守管理规程，操作过程符合现场管理要求；平时上课的出勤情况和每天完成工作任务情况；善于多角度分析问题，能主动发现、提出有价值的问题			10	
思维态度	能发现问题、提出问题、分析问题、解决问题、创新问题			10	
知识与技能的把握	能按时按质完成工作任务；较好地掌握了以下专业技能点：UG NX 固定轴轮廓加工编程通用过程，UG NX 固定轴加工中的刀具、几何体、加工方法的创建、驱动方式等			30	

（续）

班级		组名		日期	年　月　日
评价指标		评价内容		分数	分数评定
互评分数					
有益的经验和做法					
总结反馈建议					

3. 师评（表 13-7）

表 13-7　教师评价表

班级			组名		姓名	
出勤情况						
序号	评价内容	评价要点	考查要点	分数	分数评定标准	得分
一	问题回答与讨论	引导问题内容细节	发帖与跟帖	8	发帖与表达准确度	
			讨论问题		参与度、思路或层次清晰度	
二	学习任务实施	依据任务内容确定学习计划	分析型芯零件 CAM 创建步骤关键点准确	8	思路或层次不清扣 1 分	
			涉及知识、技能点准确且完整		不完整扣 1 分，分工不准确扣 1 分	
		CAM 程序创建过程	刀具、加工方法、几何体（安全平面）等节点创建	65	不合理、不清楚分别扣 5 分	
			模型创建、加工方案拟定操作的创建；几何体类型和驱动方式的选择、生成刀轨、型芯零件 CAM 的完成		不能正确完成一个步骤扣 5 分	
三	总结	任务总结	依据自评分数	4		
			依据互评分数	5		
			依据个人总结评价报告	10	依据总结内容是否到位给分	
		合计		100		

13. 6　UG NX 高速加工与变轴加工基础

一、UG NX 高速加工

1. UG NX 高速加工的特点与应用

高速加工技术随着数控加工设备与高性能加工刀具技术的发展而日益成熟，极大地提高了模具加工速度，减少了加工工序，缩短甚至消除了耗时的钳工修复工作，从而大大缩短了模具的生产周期。模具的高速加工技术逐渐成为我国模具工业技术改造最主要的内容之一。对于小型模具细节结构的加工，主轴速度可达 40000r/min 以上；而对于大型汽车覆盖件模具的加工，一般主轴速度在 12000r/min 以上的加工即可称为高速加工。高速加工就其目的而言应分为两类，即以实现单位时间去除材料量最大为目的的高速加工，以及以实现高质量加工表面与细节结构为目的的高速加工。任何模具的高速加工都是这两类技术的综合运用。相对而言，后者因极大地减少了钳工抛光、修复时间，减少甚至消除了部分工序，因而大大缩短了模具的生产周期。与传统加工方式相比，高速加工的优势如下：

1）高速加工提高了模具加工的速度。

2）对于精加工，就材料去除速度而言，高速加工比一般加工快 4 倍以上。

3）高速加工可获得高质量的加工表面。

高速铣削的实现不仅要求有好的机床和刀具等硬件条件，还必须有优秀的 CAM 软件与之相匹配。要求 CAM 系统能够满足以下特定的工艺要求：应避免刀具轨迹中走刀方向的突然变化，以避免因局部过切而造成刀具或设备的损坏；应保持刀具轨迹的平稳，避免突然加速或减速；下刀或行间过渡部分最好采用斜式下刀或圆弧下刀，避免垂直下刀直接接近工件材料；行切的端点采用圆弧连接，避免直线连接；除非情况要求必须如此，否则仍应避免全力宽切削。

2. UG NX 高速加工切削策略

通过如下调整，许多切削模式都可用于高速加工：

1）对于轮廓铣，将步距和（或）切削深度设小一些。步距可用于几乎所有的切削模式。切削深度应用于平面铣、型腔铣或曲面轮廓铣中的深度铣或多条刀路。

2）在【切削层】对话框中，可以先定义各切削层的范围，然后定义切削深度。将切削深度设小一些（直径的 10%）。

3）用【切削参数】对话框中的【拐角】选项卡对拐角倒圆，接受半径默认值或指定一个新值。打开拐角光顺，使所有【进刀】、【退刀】、【步进】和【非切削】移动都光顺。在【拐角】选项中输入尖角时减小进给率。

4）设计非常小的公差。通过使用螺旋进刀和倾斜进刀来避免插削。使用深度铣来加工壁。

5）对于轮廓铣，如果后处理器和 CNC 控制器支持【Nurbs 输出】，则使用该功能可以更高的进给率产生更光顺的曲面精加工效果。

6）在【机床控制】对话框中，将【运动输出】设为 Nurbs。

二、多轴加工技术的特点

多轴加工指四轴以上的加工方式，又被称为变轴铣削。多轴联动加工技术主要应用于加工具有较复杂曲面的工件。与三轴联动加工相比，多轴联动可以加工出更高质量、更复杂的曲面。多轴加工刀轨设计关键在于选用合适的驱动类型和刀轴控制方式。多轴加工驱动方法的选择与被加工零件表面的形状及其复杂程度有关。五轴加工涉及加工导动曲面、干涉面、轨迹限制区域、进退刀及刀轴矢量控制等关键技术。四轴、五轴加工的基础是理解刀具轴的矢量变化。四轴、五轴加工的关键技术之一是刀具轴的矢量（刀具轴的轴线矢量）在空间是如何发生变化的，而刀具轴的矢量变化是通过工作台或主轴的摆动来实现的。对于矢量不发生变化的固定轴铣削场合，一般用三轴铣削即可加工出产品。五轴加工关键就是通过控制刀具轴矢量在空间位置的不断变化或使刀具轴的矢量与机床原始坐标系构成空间某个角度，利用铣刀的侧刃或底刃切削加工来完成。刀具轴的矢量变化控制一般有如下几种方式：

1）Line：刀具轴的矢量方向平行于空间的某条直线形成固定角度的方式。

2）Pattern Surface：刀具轴的矢量时刻指向曲面的法线方向。

3）From Point：点位控制刀具轴的矢量远离空间某点。

4）To Point：刀具轴的矢量指向空间某点。

5）Swarf Driver：刀具轴的矢量沿着空间曲面（曲面具有直纹性）的直纹方向发生变化；刀具轴矢量连续插补控制。

从上述刀具轴的矢量控制方式来看，五轴数控铣削加工的切削方式可以根据实际产品的加工来进行合理的刀具轨迹设计规划。

三、基于 VERICUT 五坐标高速铣削机床运动模拟

由于五坐标高速铣削加工时刀具轨迹比较复杂，且加工过程中刀具轴矢量变化频繁，尤其是在进行高速切削时刀具运动速度非常快，因此在进行实际产品加工前，进行数控程序的校对审核是非常必要的。由于五坐标联动高速切削的程序量大，许多程序采用手工方法或在 CAM 软件里进行模拟是难以有效检查数控程序和机床的实际输出是否存在问题。采用 VER-ICUT 软件可以很好地节省校对时间，进行真实的模拟加工。VERICUT 软件可非常真实地模拟机床加工过程中的干涉、过切、进退刀等状况，尤其能很好地模拟五轴加工及其 RTCP 功能。VERICUT 提供了许多功能，其中有对毛坯尺寸、位置和方位的完全图形显示，可模拟 2~5 轴联动的铣削和钻削加工。

UGII/VERICUT 切削仿真模块是集成在 UGII 软件中的第三方模块，它采用人机交互方式模拟、检验和显示 NC 加工程序，是一种方便的验证数控程序的方法。由于省去了试切样件，可节省机床调试时间，减少刀具磨损和机床清理工作。通过定义被切零件的毛坯形状，调用 NC 刀位文件数据，就可检验由 NC 生成的刀具路径的正确性。UGII/VERICUT 可以显示出加工后并着色的零件模型，用户可以容易地检查出不正确的加工情况。作为检验的另一部分，该模块还能计算出加工后零件的体积和毛坯的切除量。UGII 中的数字模型可直接传输到 VERICUT 软件中，进行模拟，包括毛坯、产品、数控刀具轨迹与刀具等数字信息。

13.7 案例：UG NX 型芯多轴加工

一、要求

图 13-15 所示为异形面模具型芯三维实体，试对其进行 UG NX 数控加工编程设计。

二、任务分析

此型芯零件外形较为复杂，需完成水平表面、异形弧面的加工。其异形弧面为旋转外形，整个零件通过一次装夹进行成形，可以采用车铣复合加工方式，也可通过多轴铣削加工。在此，我们通过 UG NX 变轴铣削（五轴高速铣）来完成上述型芯的轮廓加工，可以按照 UG NX 编程加工操作流程进行分析与设计，得到可行的数控加工程序单。

图 13-15　异形面型芯

三、步骤

1. 加工前的准备工作

零件底座尺寸为 150mm×150mm×15mm，上带碗形圆弧面及由一些形状复杂的曲面构成的异形面，总高为 90mm，表面精度要求比较高，且有弧面凹槽，曲面形状较复杂。在一正方体毛坯上铣削平面、曲面、球面、非球异形面。

1）工件安装。通过底面进行定位装夹，采用专用的夹具将其底面固定安装在机床 C 轴上。

2）加工坐标系的设置。工件零点取在底面中心点上，X、Y 为工件下表面中心。考虑到刀具加工过程中要绕过装夹，安全高度一定要高过装夹待加工工件的夹具高度，但也不应太高，以免浪费时间，因此安全平面设为 120mm。

3）工序安排。以型腔铣进行粗加工；以固定轴轮廓铣进行半精加工及底座上表面、圆角与碗形圆弧面的精加工；以变轴铣进行异形面、弧面凹槽的精加工。

4）加工设备为多轴联动数控机床。根据此型芯零件的特征，由于其表面由异形面、弧面凹槽与碗形圆弧面等构成，侧面与底面不垂直，仅用三轴数控机床难以保证其加工精度，必须使用多轴数控机床进行加工。

2. 型腔铣粗加工

型腔铣主要是粗加工型腔或型芯区域，在此采用跟随零件型芯走刀的型腔铣进行零件的粗加工。

1）选用 D32（R5）的飞刀（牛鼻刀）进行粗加工，其粗加工余量设为 0.5mm，内外公差为 0.05mm；主轴转速 S 为 800r/min，进给速度 f 为 200mm/min。

2）单击【插入】/【操作】，选【类型】为【mill_counter】、【子类型】为【ZLEVEL-FOLLOW-CORE】，并分别选用已设置好的几何体、刀具、粗加工方法等节点，选零件轮廓表面为【切削区域】，设置【每一刀】深 4mm，机床转速为 800 r/min，【切削方式】设为

（跟随工件），【步进】方式为【刀具直径】的50%，在【机床控制】中设好切削液，单击【生成刀具轨迹】 图标，实现型腔铣仿真加工。生成的粗加工刀路轨迹如图 13-16 所示。

可以看出，经过型腔铣粗加工后，异形面型芯零件已经形成基本形状与轮廓，但外表面的粗糙度大，不符合设计与工作要求，还必须安排后续的半精加工与精加工操作。

图 13-16　生成粗加工刀路轨迹

3. 固定轴轮廓铣半精加工

UG NX 软件提供了丰富的三轴加工方法，其中的固定轴区域轮廓铣（contour-area）主要适用于模具中的半精加工，此例使用的刀具采用 R5mm 球刀，半精加工余量设为 0.15mm，内外公差为 0.03mm；固定轴区域轮廓铣有多种驱动方式，此处采用【曲线/边】的边界驱动模式。主轴转速 S 为 1200r/min，进给速度 f 为 100mm/min，选【子类型】为【子类型】 （FIXED-CONTOUR），并分别选用已设置好的几何体、刀具、粗加工方法等节点，选好走刀方式进行程序编制。三坐标加工常用沿截面方向走刀、沿切削方向走刀、环切走刀等几种走刀方式。沿截面方向走刀能得到较好的轮廓度，行距所受影响较小，但刀具切削点变化大，相对加工余量不能恒定，变化大，对刀具和机床都产生不利影响；而沿切削方向走刀效率较高，在生产中应用较多，然而表面残余会随曲面切削点的法向矢量和刀具轴的夹角增大而增大，曲面的陡峭程度及其在夹具上的安装方位对行距很敏感，其走刀仿真效果如图 13-17 所示。

对于边界受限的型面加工主要应用环切方式。环切方式是前两种方式的综合，当采用"从内到外"环切时，毛坯能给刀具切削部位刚性支持，变形从而大为减小。通过环切方式生成的刀轨如图 13-18a 所示，其刀轨的 3D 动态仿真如图 13-18b 所示。

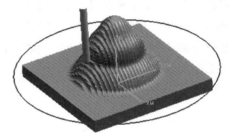

图 13-17　沿切削方向走刀轨迹

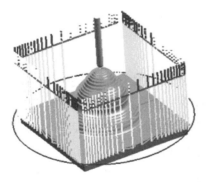

a) 环切方式生成的刀轨

b) 刀轨的3D动态仿真

图 13-18　刀轨的 3D 动态验证

经过固定轴轮廓铣半精加工后，异形面型芯零件外表面的粗糙度已大为降低，但还必须安排后续精加工操作。

4. 固定轴轮廓铣精加工

合金刀具刚性好，不易产生弹刀，用于精加工模具的效果最好，在此采用 $R2.5mm$ 球头合金刀铣刀，精加工余量设为 0，内外公差为 0.01mm，对此型芯零件进行固定轴轮廓铣精加工，主轴转速 S 为 2500r/min，进给速度 f 为 31mm/min。根据 UG NX 数控编程流程，设计好刀轨，并进行仿真，其结果如图 13-19 所示。

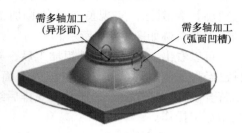

图 13-19　固定轴轮廓铣精加工效果图

可见，除了安排手工打磨工序外，必须用多轴联动进行加工，才能保证曲面表面质量。

5. 多轴联动精加工

本异形面型芯表面形状复杂，考虑选用曲面区域驱动类型，UG 多轴刀轴矢量控制的方式丰富灵活，可通过投影方向、点、直线、平面、曲面来控制，是先进的多轴加工系统。在本例中，以【垂直于驱动】方式来控制刀轴，投影矢量为 I, J, K(0, 0, -1)；【切削步长】公差为 0.01mm，【步进】为残余高度 0.005mm，在【切削】选项的【间隙】下的【过切检查】选为【退刀】方式，主轴转速 S 为 15000r/min，进给速度 f 为 180mm/min。根据 UG NX 数控编程流程，设计好刀轨，并进行仿真，如图 13-20 所示。由最终加工效果图可以看到，本零件各曲面的表面粗糙度已能达到模具型芯零件的设计与工作要求。

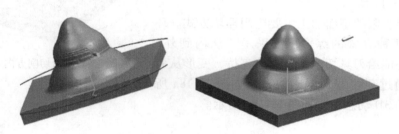

图 13-20　多轴加工效果图

6. 后处理

1）方法如前述章节，生成刀轨并通过 2D、3D 仿真模拟来进行检查、校验是否有干涉、过切等现象（如有，则要调整参数，再重新进行计算、校验，直到准确）。

2）单击 后处理 按钮，弹出【后处理】对话框，在【后处理器】对话框中选择【MILL_5_AXIS】，将单位改为【公制/部件】，设置好输出文件路径，单击【确定】按钮。

3）产生刀位文件后进行适当的格式转换，转换成数控机床可以识别的 NC 程序。

13.8 项目（多轴加工）测试与学习评价

一、学习任务项目测试

测试：UG NX 异形面型芯加工

要求：完成图 13-21 所示异形面型芯的建模与多轴加工。

二、学习评价

1. 自评（表 13-8）

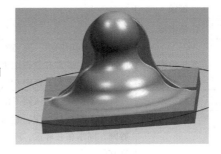

图 13-21 异形面型芯

表 13-8 学生自评表

班级		组名		日期	年 月 日
评价指标	评价内容			分数	分数评定
信息检索	能有效利用网络、图书资源查找有用的相关信息等；能将查到的信息有效地传递到学习中			10	
感知课堂生活	熟悉数字化建模与制造岗位，认同工作价值；在学习中能获得满足感			10	
参与态度	积极主动与教师、同学交流，相互尊重、理解；与教师、同学能够保持多向、丰富、适宜的信息交流			10	
	能处理好合作学习和独立思考的关系，做到有效学习；能提出有意义的问题或能发表个人见解			10	
知识（技能）获得	能正确拟定加工方案			20	
	能按要求完成异形面型芯零件的 CAM			20	
思维态度	能发现问题、提出问题、分析问题、解决问题、创新问题			10	
自评反馈	能按时按质完成任务；较好地掌握了技能点；具有较强的信息分析能力和理解能力；具有较为全面严谨的思维能力并能条理清楚地表达成文			10	
自评分数					
有益的经验和做法					
总结反馈建议					

2. 互评（表 13-9）

表 13-9　互评表

班级		组名		日期	年　月　日
评价指标	评价内容			分数	分数评定
信息检索	能有效利用网络、图书资源、工作手册查找有用的相关信息等；能用自己的语言有条理地去解释、表述所学知识；能将查到的信息有效地传递到工作中			10	
感知工作	熟悉工作岗位，认同工作价值；在工作中能获得满足感			10	
参与态度	积极主动参与工作，吃苦耐劳，崇尚劳动光荣、技能宝贵；与教师、同学相互尊重、理解；与教师、同学能够保持多向、丰富、适宜的信息交流			10	
	能探究式学习、自主学习，处理好合作学习和独立思考的关系，做到有效学习；能提出有意义的问题或能发表个人见解；能按要求正确操作；能倾听别人意见、协作共享			10	
学习方法	学习方法得当，有工作计划；操作技能符合规范要求；能按要求正确操作；能获得进一步学习的能力			10	
工作过程	遵守管理规程，操作过程符合现场管理要求；平时上课的出勤情况和每天完成工作任务情况；善于多角度分析问题，能主动发现、提出有价值的问题			10	
思维态度	能发现问题、提出问题、分析问题、解决问题、创新问题			10	
知识与技能的把握	能按时按质完成工作任务；较好地掌握了以下专业技能点：UG NX 多轴加工编程通用过程，UG NX 多轴加工中的刀具、几何体、加工方法的创建、驱动方式等			30	
互评分数					
有益的经验和做法					
总结反馈建议					

3. 师评（表 13-10）

表 13-10　教师评价表

班级		组名		姓名	
出勤情况					
序号	评价内容	评价要点	考查要点	分数	分数评定标准	得分

序号	评价内容	评价要点	考查要点	分数	分数评定标准	得分
一	问题回答与讨论	引导问题内容细节	发帖与跟帖	8	发帖与表达准确度	
			讨论问题		参与度、思路或层次清晰度	

（续）

班级			组名			姓名	
出勤情况							
序号	评价内容	评价要点	考查要点	分数	分数评定标准		得分
二	学习任务实施	依据任务内容确定学习计划	分析型芯零件 CAM 创建步骤关键点准确	8	思路或层次不清扣 1 分		
			涉及知识、技能点准确且完整		不完整扣 1 分，分工不准确扣 1 分		
		CAM 程序创建过程	刀具、加工方法、几何体（安全平面）等节点创建	65	不合理、不清楚分别扣 5 分		
			模型创建、加工方案拟定、操作的创建；几何体类型和驱动方式的选择、生成刀轨、型芯零件 CAM 的完成		不能正确完成一个步骤扣 5 分		
三	总结	任务总结	依据自评分数	4			
			依据互评分数	5			
			依据个人总结评价报告	10	依据总结内容是否到位给分		
		合计		100			

 ## 13.9　第二课堂：拓展学习

1）依托创新创业工作室和 3D 动力社，对参赛作品做进一步的制作和优化，为最终的提交做准备。

2）工程实战任务：依托企业生产实训基地，进一步了解数控加工过程与方法、UG NX 变轴加工方法及相关知识、技能并接受工程实战任务，对接企业生产。

3）课后观看中央电视台播放的《大国工匠》《国之重器》《澎湃动力》等相关宣传片，增长学识，增强民族自豪感。

参 考 文 献

［1］冯如，李元园．UG NX 4 中文版自学手册：实例应用篇［M］．北京：人民邮电出版社，2008.
［2］周华，蔡丽安，周爱梅．UG NX 6.0 数控编程基础与进阶［M］．北京：机械工业出版社，2009.
［3］高永祥，姜晓强，杜红文．高速加工刀具轨迹优化策略研究［J］．机械制造，2008，46（9）：40-42.
［4］赵中华，廖秋慧．复杂模具零件五轴联动数控加工程序检验方法研究［J］．模具工业，2009，35（6）：66-69.
［5］赵松涛．UG NX 实训教程［M］．北京：北京理工大学出版社，2008.
［6］石皋莲，吴少华．UG NX CAD 应用案例教程［M］．2 版．北京：机械工业出版社，2022.
［7］郭晟，袁永富．异形面型芯数控加工与仿真研究［J］．机械设计与制造，2014，2（2）：150-152.
［8］郭晟，张德红．数字化建模与制造［M］．北京：中国轻工业出版社，2021.